蔡斌翰 潘瑋翔——著

周禎和——攝影

豆腐百味

Totally Tofu, Totally Tasty

百吃不膩的豆腐百味

蔡斌翰——自序

豆腐，是每一個臺灣家庭餐桌上都少不了的重要角色，豆腐的香氣，伴隨著我們的童年一路成長。豆腐家族的種類繁多，從早餐的一杯溫熱豆漿，到午、晚餐的豆腐湯、炒豆干、滷花干，或是解饞的臭豆腐，豆腐的風貌真是千變萬化！

如此多變的豆腐家族，源頭其實都是來自黃豆。為讓大家能真正吃得健康，本書也特別提供新鮮自製豆漿、豆花、豆腐、豆皮的方法，讓大家可以安心享用美味。

自製豆漿、豆花、豆腐、豆皮，不只新鮮，並可享受動手做的樂趣。然而，由於現代家庭生活忙碌，料理時間往往不夠充裕，所以也提供市售優質豆製品的挑選方法。

選用新鮮的豆腐

料理豆腐最重要的第一個關鍵，就是要選用新鮮健康的食材。

豆腐以選用傳統市場每日現做的新鮮豆腐為最佳，可從豆腐的外觀、氣味與質地來做判斷挑選。最佳首選的豆腐為，外觀沒有破裂、顏色白淨，味道聞起來有淡淡的天然豆香味，沒有酸臭味，摸起來的觸感不黏滑。如果選用的是超級市場販售的盒裝豆腐，

要留意製造日期。雖然盒裝豆腐的保鮮方式，較傳統市場的傳統豆腐為佳，還是要留意期限，確定豆腐包裝沒有鼓起、酸敗變質。

　　豆腐選購回家後，最好能立即食用完畢。選用的板豆腐與嫩豆腐如果不能當日食用完畢，要將豆腐以清水清洗過，再放入蓋過豆腐高度的冷開水，移入冰箱冷藏。若冷藏時日較久，必須每日換水，以確保新鮮。但豆腐最好還是少量購買，依所需用量選購。另外，如果選用的是油豆腐、豆包等一類加工品，建議在料理前，先以熱水汆燙，較能安心食用。

豆腐的除水方式

　　由於板豆腐與嫩豆腐的含水量很高，所以烹調時容易出水，增加料理的困難度與影響口感。在料理時，常用的除水方式有四種：

1. **靜置30分鐘**：將豆腐直接在室溫裡，靜置30分鐘，水分會自然流出與減少。
2. **壓放物品**：以紙巾覆蓋豆腐，上面放置物品輕壓，靜置20分鐘，可加速讓水分流出。
3. **過水**：將豆腐放入加鹽滾水中汆燙，豆腐遇熱會自然釋放水分，質地變硬，烹調時比較不易破碎。
4. **以紙巾吸除水分**：除了板豆腐與嫩豆腐需除水外，油豆腐等其他豆製品，如需油煎或油炸，為避免油爆危險，最好先以紙巾吸除水分，再進行料理。

　　以上為選購豆腐與處理豆腐的前置作業，雖然看似簡單，但愈簡單的事，有時反而需要更加留意，以免因一時疏忽，而影響健康與美味。有時因選購疏忽或是保存不當，讓豆腐的氣味不佳，可用過油的油炸方式做補救處理，但最好還是在挑選與保存時，多加留意。

　　愛惜豆腐食材是非常重要的事，豆腐能有千變萬化的好滋味，都是因為料理者能在最簡單、基礎的前置作業做好準備，才能讓豆腐料理健康美味。

豆腐實驗室

　　這一本豆腐料理的食譜製作，我與瑋翔以近乎一年時間準備與密集討論，從食材的選擇、菜單的設定到呈現的方式，都是我們共同努力發想所產生的，最終結論出三大單元：中華豆腐料理、日本豆腐料理、歐美豆腐料理，希望以此展現豆腐料理的多變風貌。豆腐適用於多種料理方式，不論是中華、日本或歐美的料理技法，都有煎、煮、炒、炸以及涼拌等多種變化，我們經過不斷地嘗試與研發，將廚房變成我們的「豆腐實驗室」，終於完成了這一本《豆腐百味》。

　　豆腐是很有趣的食材，如以舞台戲為比喻，它可當主角，也可當配角，不介意角色輕重，反而能稱職演出該有的內容表現。豆腐之所以可以百味，就是因為它能隨緣盡分吧！

　　我自己從小就很喜愛豆腐料理，因為它明明都同樣來自黃豆這一味，卻能變化出如此豐富的料理種類，讓我深感奇妙，如果做成豆腐宴，說不定一年都還吃不完。我相信透過創作豆腐料理，不只能喚起我們共同的文化記憶，更能與我們生活創意做結合。希望大家每天都能變化出百吃不膩的豆腐料理，讓人生百味更多趣味！

豆腐的全球「食」尚風潮

潘瑋翔——自序

　　真正的時尚服裝，沒有多餘的色彩，簡單的剪裁，就能成為所有設計達人的視覺焦點，而豆腐，是我心目中最時尚的食材，無須多餘的調味，細細品嘗那自然散發的風味，純淨無染的製程、原汁原味的呈現，正是頂尖食材最基礎的標準。

　　一塊白皙的豆腐，賦予美妙的刀工，便能展現與生俱來的滋味，從小認識的麻婆豆腐、豆干小菜，甚至是臭豆腐，在我們的日常生活中，都扮演著不可或缺的角色。近年來，人們對於豆腐這個健康食材，有了更豐富的認識，例如它具有治療心血管疾病的療效。面對快速變化發展的現代社會，人們對飲食養分也漸漸出現疑慮，致力尋求與認識健康的食物。因此，我身為料理人，覺得應當為大家好好推廣像豆腐這樣健康的好食材。

　　相傳豆腐是由漢代淮南王劉安所發明，淮南村因此而被稱為豆腐村。兩千年來，中國人發展出的豆腐，從選豆、擇水、磨豆、煮汁、凝結、壓製都有獨門配方，連北宋大詩人蘇東坡都曾創製了獨一無二的東坡豆腐。觀察中國菜系裡，豆腐的經典佳餚比比皆是，不管南方、北方，到處都有豆腐的蹤跡，由此可知中國人有多喜愛豆腐了！我還記得有次在北京巷弄裡，品嘗到豆渣餅和豆汁，遵循古法製作的料理，就是格外有風味，仔細回想，依稀還記得那味道呢！

　　豆腐是個很特別的食材，具有值得我們學習的

特質，簡單樸實的外表，沒有絢麗光環，能輕易配搭其他食材和調味料，看似不起眼，總能在料理中扮演不可或缺的角色，哪怕只是淋上幾滴醬油，當你仔細感受味蕾，會發現醇美的豆香，讓人愛不釋口，彷彿是個實力派歌手，用最真實純粹的聲音，唱著讓人感動的旋律。豆腐確實如此，帶給我們一種謙遜踏實的精神，沒有高傲的態度，平易近人的風範，卻讓人難忘。每一次在製作《豆腐百味》的擺盤時，總能特別靜下心，也許就是體會到豆腐所散發的那股獨特氣息，聽見它與我對話的聲音。

豆腐能從傳統的中國食材，變成風行全球的食材，原因很多：

一、營養豐富，健康天然：

豆腐被視為高蛋白質食品，營養成分豐富，包括鈣質、大豆異黃酮、不飽合脂肪酸、卵磷脂、維生素、食物纖維……。高蛋白質有益於智力發展，提高免疫力；大豆異黃酮又稱植物雌激素，有助於女性身體健康，並有抗氧化功能，能抗衰老；卵磷脂能防止動脈硬化，增強記憶；食物纖維能促進血液循環，幫助消化。豆腐不但具有如此多營養成分，而且柔軟順口，容易吸收。難怪能成為風行全球的健康食品。

二、綠色飲食，環保護生：

美國曾有雜誌預言，在未來的十年內，最具有市場潛力的商品不是汽車、電視機等電子產品，而是中國人的豆腐。豆腐具有龐大商機，這不僅僅是因為目前的「東方熱」，更因為前述的豆腐營養功能受到矚目。牛奶與肉食原本是西方世界的主食，但在全球環保意識下，逐漸轉為多食蔬果、豆腐，以及飲用豆漿、果汁等天然植物飲料，健康蔬食已成時尚飲食。豆腐不但製作成本低，而且低熱量、低脂肪，符合全球最新綠色環保飲食趨勢。

三、千變萬化，百搭料理：

豆腐的特質像水，能與各種食材搭配。因此，豆腐適用於中式、西式等不同國度的料理食譜。它無須複雜地過度烹調，冷、熱食皆可，適合現代人快速料理的速食需求。但它也可適應各國食譜的烹調需求，煎、煮、炒、炸皆美味。因此，《豆腐百味》將全書分為「中華豆腐料理」、「日本豆腐料理」、「歐美豆腐料理」，證明「豆腐百味」確實名不虛傳！豆腐潮流，勢不可擋！

很開心有機會與我的好朋友斌翰合寫這本「國際級」的《豆腐百味》，我們從採買到處理，依據不同豆腐特性，深入探索許多國家經典料理的烹調技法，以豆腐做創意展現，精心設計變化，希望研發出意想不到的新口味。但在變化中，仍盡量保持豆腐本具的天然特質。希望將最美味，也最有意境的豆腐料理，呈現給喜歡豆腐的讀者，讓我們一起食指大動！

最後，要深深感謝指導過我們的老師與前輩，以及法鼓文化的製作團隊，因為大家的一起堅持與努力，才得以呈現一本具有時尚禪味的新風格豆腐食譜，有別於傳統的豆腐食譜，展現更多元、更深具涵義的料理書，希望讀者們能一起享受！

目錄

料豆中
理腐華

CHAPTER 1
Chinese Style

日本豆腐料理

歐美豆腐料理

CHAPTER 2

Japanese Style

CHAPTER 3

Western Style

豆腐禪

Chan in Tofu

/////////////////////////

豆腐是極具禪味的一種食材，不只是因為它的風味自然純淨，更因為它隨著漢傳佛教的禪法發展，進入了韓國、日本寺院，如生活禪一樣容易為人們接受，普及民眾的日常生活，成為家常料理。

因此，由豆腐的發展歷史與傳播文化，能從中看見禪宗的發展足跡。只可惜中國沒有類似日本的《豆腐百珍》食譜，早在十八世紀就彙編記載了各式各樣的豆腐料理，所以關於中國豆腐的種種故事，大部分都只能當作參考性的傳說，無法視為史實。但若是將一則則的豆腐懸案，當作禪宗公案來參一參，也頗具趣味。

豆腐是誰發明的？

若問豆腐是誰發明的，通常人們都會說是漢代淮南王劉安。傳說劉安在他母親重病期間，每日以黃豆磨成豆漿給母親飲用，使得病情好轉，豆漿因此流行開來。而豆腐的出現，有一說是劉安擔心母親覺得豆漿味淡，而加鹽調味，意外製成豆腐；另有一說是劉安在淮南八公山煉丹時，誤將石膏混入豆漿，而形成豆腐。從此，淮南一地不只被稱為豆腐之鄉，劉安也被尊為發明豆腐的祖師。

也有人認為豆腐是由「乳腐」而來，乳腐又稱「奶豆腐」，也就是乳酪。唐朝人受游牧民族影響，盛行食用乳製品，當時有人用豆漿代替動物奶，使用鹽鹵讓豆漿凝固，在木模內壓製成型，而製成豆腐。

無論哪種說法為真，至少豆腐在宋元時期，已是民眾的日常食品，提供價廉物美的植物蛋白質。明清時期更發展出多元豐富的豆製品：豆花、豆干、千張、腐皮、油豆腐、臭豆腐、豆腐乳……。所謂「食輪不動，法輪不轉」，豆腐提供修行者豐富的養分，很快普及於寺院，發展出多種寺院豆腐料理。

中國佛教的素食文化，源自梁武帝的積極推廣。雖然梁武帝與禪宗初祖達摩禪師話不投機，讓達摩禪師只好前往少林寺面壁九年，幸而最後終於遇到可傳法的弟子慧可等人，讓禪宗在中國得以開枝散葉，日益茁壯。如果梁武帝與達摩禪師當年相談甚歡，是否會發展出不一樣的禪食文化呢？

自從唐代百丈禪師開啟農禪風氣，禪寺便以自食其力的方式從事耕作與料理，不再沿街托缽依靠信眾護持。禪僧從耕種

到烹煮都親自參與，透過以石臼磨豆漿，到自製豆腐的辛苦歷程，體驗「一日不作，一日不食」的禪家精神。百丈禪師請僧眾一起飲茶的普茶制度，後來為明朝隱元禪師傳入日本，發展出萬佛寺有名的普茶料理。

　　由於豆腐成為寺院常見的食材，不但有像揚州天寶寺文思法師的文思豆腐聞名天下，禪僧在參禪時，也發生一些與豆腐有關的故事。例如雞足山悉檀寺的開山祖師，禪修多年不得要領，有天寄宿旅店在打坐時，聽到隔壁豆腐店一女子唱道：「張豆腐，李豆腐，枕上思量千條路，明朝仍舊打豆腐。」他一聽就開悟了，明白修行要像做豆腐一樣專一，不要舉棋不定而虛擲光陰。

豆腐是誰傳入日本的？

　　隨著漢傳佛教的快速發展，豆腐也隨佛教僧人傳入韓國與日本，當時的豆腐都是在寺院製造的。豆腐早在一千三百年前，隨佛教傳入高麗，被稱為「泡」，當時高麗王朝禁止人們食肉，設置許多製作豆腐的寺院，名為「造泡寺」，所以許多知名豆腐也使用寺院名稱為名。不論是泡菜豆腐湯或豆腐煎餅，都是常見的韓國家庭料理。

　　雖然韓國人認為他們比日本人更早食用豆腐，有一說日本豆腐是由韓國傳入的，但是日本人比較普遍認為別種說法。一是豆腐製法是由唐代遣唐僧帶回的，二是由鑑真大師將豆腐製法傳入日本。雖然後者說法為人們普遍相信，卻不知當時鑑真大師所教導的是哪一種豆腐。日本關於豆腐的最早文字，記載在一一八三年平安時代的奈良春日大社的神主日記，稱豆腐供品為「唐符」，這可能是日本最早出現的豆腐。

　　可以明確知道的是，在中國宋元時朝，禪宗的飲食文化已深深改變了日本的飲食習慣。中國的素食與飲茶文化，隨著中國與日本禪僧的密切交流，傳入了日本，形成精進料理、懷石料理與普茶料理。日本寺院的豆腐料理種類繁多，例如高野山的高野豆腐、胡麻豆腐，萬福寺的豆腐羹，南禪寺的湯豆腐……。寺院僧人會研製出如此多種的豆腐料理，並非因追求美味，是因認為料理本身就是一種修行，可以磨鍊身心與服務大眾。日本曹洞宗始祖的道元禪師，便是受中國負責寺院料理工作的法師得到禪修啟發，後來編寫出經典的《典座教訓》。「典座」是負責僧眾齋食者的職稱，道元禪師在《典座教訓》中明白指出典座一職的修行悟道方法。

禪觀豆腐

　　經由中國、韓國與日本禪僧的推廣，透過飲食進行禪修的方法，如同茶道，慢慢在漢傳佛教國家流傳開來。豆腐料理後來發展到東南亞，也進入了歐美國家，隨著禪風成為風行全球的健康料理。

　　若說茶禪一味，豆腐又何嘗不是呢？禪觀豆腐、豆腐觀禪，都是一種入禪的方法。不論所觀的是「豆腐饞心」的「解饞之道」，或是「豆腐禪心」的「解禪之道」，都能讓人心如豆腐，隨緣自在。

豆腐家族

Tofu Family

/////////////////////

豆漿｜又稱豆奶，通常使用黃豆製作，但也可用黑豆、綠豆或紅豆。豆漿除直接飲用，也適合製作料理。以豆漿製作火鍋湯底、湯麵、熱湯、燉飯、稀飯……，皆營養美味。豆漿可為牛奶代替品，製作料理與甜點，如以豆漿麵糰製作的麵點，豆漿吐司、豆漿麵包……，因天然健康而成新飲食潮流。

板豆腐｜又稱傳統豆腐或硬豆腐，因使用木板成型而得名。板豆腐有別於嫩豆腐，在於經長時間壓水處理，所以含水量較少，較為堅硬。日本的木棉豆腐，也是一種板豆腐，因使用木模與棉布而得名，但質地較中華板豆腐更為細緻，氣孔細小。選購時，要挑選無酸臭味，表皮未變黃的新鮮板豆腐。板豆腐的用途寬廣，適用於各種料理方式。但如果用於油炸，要以紙巾吸乾表面水分，以免油爆。

豆漿

板豆腐

豆花

嫩豆腐

豆花｜即是豆腐花，又稱豆腐腦，為將豆漿添加凝固劑凝結成凍狀而成。傳統豆花多用鹵水或石膏粉做凝固劑，口感不如用寒天粉、果凍粉或吉利T為凝固劑者滑嫩細緻，但是傳統豆花具有冷食、熱食皆可的優點，不會遇熱還原成水。豆花有甜味、鹹味與辣味三種吃法，蒸食、煮食或涼拌皆可。

嫩豆腐｜又稱水豆腐，做法與板豆腐相同，但壓水時間較短，所以含水量較高，口感軟嫩。嫩豆腐含水量高容易質變，要留意冷藏保鮮，以免酸臭。日本與韓國的絹豆腐，也是一種嫩豆腐，質地細緻滑嫩，適合烹調湯品。嫩豆腐涼拌開胃，煎、煮、炒、炸都適合，但要留意容易破碎，不利久煮。

凍豆腐｜將板豆腐冷凍之後，即是凍豆腐。在家也可輕鬆自製凍豆腐，將板豆腐放入冰箱冷凍，使用時取出解凍即可。在經過冷凍與解凍後，豆腐的孔隙會變得粗大，容易吸收湯汁入味。因此，凍豆腐特別適合用於火鍋料理或燉煮。凍豆腐也可油炸或燒烤，口感香軟，易吸收沾醬。

豆干｜即是豆腐乾，製程與豆腐相同，但經過脫水、壓縮，口感較豆腐紮實。豆干的種類很多，可適料理需求，選擇未加工的白豆干，或經滷製上色的黑豆干、五香豆干。選購豆干要選氣味清香無酸味，形狀完整有彈性者為佳。豆干不論涼拌、煎、滷、炒、炸，都十分美味。

油豆腐｜是將板豆腐油炸而成。油豆腐經過油炸，不易變形碎裂。選購油豆腐要選有彈性，沒有酸味或油耗味者為佳。由於油豆腐容易變質，如未立即使用要放入冰箱冷藏，如有油耗味，可汆燙處理。油豆腐因為孔隙粗大，容易吸收湯汁入味，所以適合燉煮。油豆腐也適合鑲入餡料，油炸或清蒸。

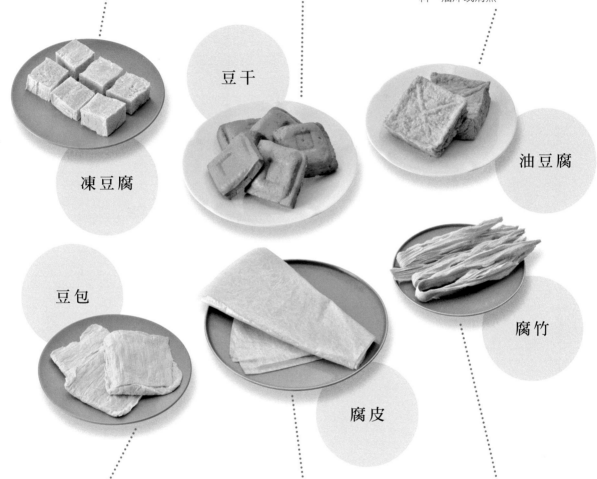

豆干

凍豆腐

油豆腐

豆包

腐竹

腐皮

豆包｜可分為白色生豆包與經過油炸的油豆包兩種。生豆包適合清爽風味的清炒或燉煮料理，油豆包容易吸收湯汁，適合重口味的滷煮或紅燒。如果油豆包過於油膩，可用汆燙方式處理油味。豆包的豆香濃郁，不論煎、煮、炒、炸，都讓人食指大動，並容易具有飽足感。

腐皮｜即是豆腐皮，也稱豆皮。腐皮是豆漿在降溫冷卻過程中，所自然產生的一層薄豆膜。薄豆膜用長筷挑起，晾乾後即是柔軟輕薄的腐皮。腐皮的口感滑嫩，除可涼拌、熱炒或煮湯，也適合包捲餡料，製作腐皮捲。腐皮清蒸後口感軟嫩，油煎或油炸至金黃色，則口感香酥。

腐竹｜是腐皮的一種，為長條空心狀，因形似竹枝而得名。豆漿最上一層豆膜，通常製作最鮮嫩的腐皮，底層的豆膜則用於製作腐竹，用長筷挑起，晾在竹竿上，經過風乾即是腐竹，質地較腐皮堅硬。腐竹在使用前，要先洗淨泡軟。腐竹的料理用途很廣，甜食、鹹食皆可。

千張｜又稱千張皮。晾乾的千張，堆疊起來就像是一疊千張紙，它雖薄如紙張，但具有柔韌彈性，所以既耐久煮，又有絕佳口感。千張可切絲涼拌或熱炒，也可做為火鍋料或煮湯。千張常用於包捲餡料，製作為精緻點心，清蒸或油炸，皆十分美味。

百頁豆腐｜顏色為乳白色，製程與豆腐相同，但增加蒸煮的流程，所以口感較豆腐綿密紮實，更具有彈性，不易碎裂。選購時，要挑選外硬內軟不出水，觸感不黏滑者為優質百頁。百頁的孔隙多，能充分吸收滷汁，久煮不爛，非常適合長時間燉煮，也可熱炒或油炸。

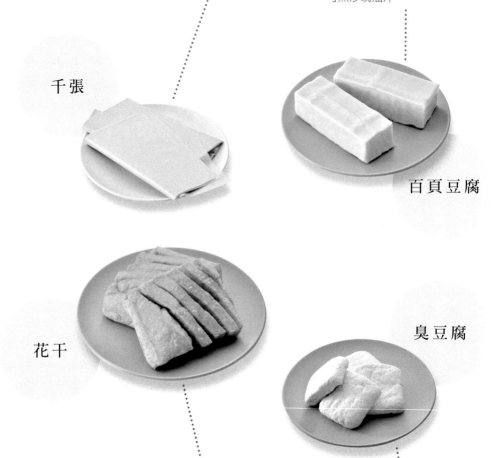

千張

百頁豆腐

花干

臭豆腐

花干｜是外形美觀、味道鮮美的豆干，但是製程非常繁複。花干除要用特製模具切花紋，並且需要油炸、滷製等多道工法，才能完成網狀的美麗花干。由於花干使用多種香料滷製入味，所以味道鮮香軟嫩，是深受歡迎的家常小菜。選購時，要挑選無硬心、不斷條者的優質花干。

臭豆腐｜是經過發酵處理的豆腐，讓豆腐裡的蛋白質經過分解，產生獨特臭味。臭豆腐質地較硬的適合油炸、碳烤或熱炒，質地較軟的適合清蒸或紅燒，可就料理需求做挑選。臭豆腐的臭味如果過重，可用汆燙方式除臭，但若味道過於刺鼻，建議勿選購為宜。

豆渣｜是製作豆漿時，所剩餘的黃豆豆渣，但它也是一種美味的食材，切莫當成廚餘丟棄。豆渣的營養成分豐富，適用於多種料理方式，豆渣可直接與蔬菜拌炒，也可用油、鹽拌炒成豆酥，或是做成豆渣餅、豆渣麵包，增加料理風味。

干絲｜是用豆干切條而成，可分為白色干絲與黃色干絲兩種，黃色干絲是將干絲用五香滷汁滷製而成，味道香濃，口感較白色干絲更具韌性。干絲在使用前，要先汆燙再料理。風味清爽的白色干絲，口感軟嫩，適合涼拌與熱炒，黃色干絲則適合熱炒，製作較重口味的料理。

豆輪｜是用黃豆製成的，經過油炸與脫水處理，質地堅硬。因此，烹煮前需要以熱水泡軟，如未事先泡軟，會增加燉煮的時間。要選購無油耗味的新鮮麵輪，並留意是否為炸焦的不良品。麵輪不宜存放過久，以免有油耗味。麵輪具有耐煮特性，適合滷製或煮火鍋。

豆渣

干絲

豆輪

豆皮捲

豆腐乳

豆皮捲｜是將腐皮放入棉布捲緊，再用棉線綑緊，蒸熟後，可吃原味豆皮捲的滑嫩口感，也可再燻製或滷製成彈牙入味的豆皮捲。豆皮捲不一定要使用完整的腐皮，可運用料理剩餘的腐皮碎，製作為惜福料理。豆皮捲不論涼拌、熱炒，皆非常美味。

豆腐乳｜又稱腐乳或南乳，是將豆腐利用黴菌發酵、醃製而成的豆製品。豆腐乳可直接配飯食用，也可以做為調味料使用。豆腐乳的種類繁多，有甜味、鹹味，也有辣味。素食者在選購時，要留意是否含有酒精成分。豆腐乳除可用於做沾醬、炒醬，做為燒烤醬也別有風味。

自 己 做 豆 漿

How to Make
Soy Milk

要領說明

黃豆要挑選外皮光滑、顆粒均勻飽滿的優質豆。浸泡黃豆與煮黃豆汁的鍋具，都必須乾淨無油。夏天浸泡黃豆的時間約需4小時，冬天約需8小時，也可使用溫水以縮短浸泡時間。黃豆要分次攪打，因為水量如果過多，豆子不容易打細。煮黃豆汁時，要不斷攪拌以避免黏鍋。豆漿煮沸後，要轉小火繼續煮5分鐘，以消除黃豆含有的植物鹼。紗布也可改用豆漿過濾袋。過濾剩餘的豆渣不要丟棄，可用於料理。

材料

 黃豆300公克

黃豆洗淨，用2000公克水浸泡，
膨脹至比原豆約大一倍，即可瀝乾水分。

黃豆倒入果汁機，3000公克水分2至3次加入，
攪打成漿，至無顆粒。

濾網鋪上紗布，將黃豆汁慢慢倒入紗布過濾。

將紗布扭緊，扭搾出汁。

取一乾鍋，倒入黃豆汁，開中火煮20分鐘，
煮至冒大泡泡膨脹，轉小火，撈除泡沫。

繼續煮5分鐘後關火，即成為可食用的豆漿。

自 己 做 豆 花

要領說明

製作豆花的方法有很多種，鹽滷、石膏粉、豆花粉、布丁粉、果凍粉……，都可用做凝固劑，但是純素者不能使用含有動物膠的吉利丁與含蛋黃粉的布丁粉。要依製作熱食或冷食，選擇適用的凝固劑。吉利T與果凍粉遇熱會還水，適合製作冷食，不能製作熱食，只有鹽滷、石膏粉、豆花粉是冷食、熱食皆宜的凝固劑。因此，建議使用容易製作、冷熱皆宜的的豆花粉。使用豆花粉時，要留意在沖入豆花粉水後，切勿再攪拌，以免不易凝固成型。

材料

- 無糖豆漿2000公克
- 豆花粉50公克

取一個大鍋盆,加入豆花粉與180公克冷開水。

將豆花粉水攪拌均勻。

取一鍋,倒入豆漿煮滾,即可關火。

一口氣快速將熱豆漿,從高處沖入豆花粉水內。

將豆漿靜置30分鐘,切勿攪動,
待凝固後,即是豆花。

將豆花用湯匙舀出盛碗,即可食用。

自己做 豆腐

How to Make
Tofu

要領説明

製作豆腐的方法有很多種，但使用鹽鹵或石膏粉有技術困難度，所以提供快速製作豆腐的簡單配方，讓大家輕鬆愉快做豆腐。紗布可改用豆漿過濾袋。濾除醋水的容器，除用豆腐模具，也可用有孔洞的濾水網盆或篩網，將篩網架在鍋具上，上置重物，讓水分自然排入鍋底，即可完成類似日本的半圓型竹簍豆腐。豆花倒入熱水的目的是為洗除醋味。放置的重物，可利用盛水鍋具的重量。排水時間愈久，因排除水分愈多，豆腐成品會愈紮實。

材料

- 無糖熱豆漿 2000 公克
- 糯米醋 200 公克
- 鹽 3 公克

取一鍋，倒入2000公克熱豆漿，加入糯米醋與鹽。
熱豆漿略微攪拌，靜待10分鐘，讓它凝固。

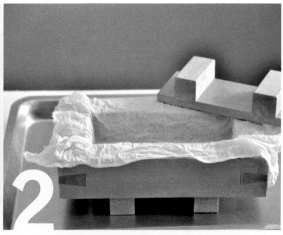

取一個豆腐模具，以濕紗布鋪底，放入大鋼盤內。
容器底部要墊高，以助排水。

將凝固的豆花以鍋鏟鏟起，放在紗布上，
用湯匙將豆花略為打散。

取一盆，倒入500公克熱水，將紗布包覆住的豆花，
放入水中洗除醋味，再放回豆腐模具內。

豆花上面放置重物，藉壓力幫助排水。

靜置30分鐘後，即完成豆腐。

自己做 豆皮

要領說明

熬煮豆漿時，可同時製作美味的豆皮。使用隔水加熱的方式取豆皮，是因為可避免豆漿黏鍋的困擾，能專心取豆皮。如要製作多張豆皮，在完成第1張豆皮後，繼續保持中火煮豆漿，約每5分鐘，即可再取出1張豆皮，可製作30張以上的豆皮。製作豆皮運用的原理為，讓豆漿遇冷空氣而自然結出薄膜。煮豆漿的時間愈久，豆皮愈厚。完成的豆皮可陰乾、曬乾或用烤箱烘乾，但建議在室內自然陰乾可避免沾染灰塵，或是掛在冰箱冷藏室的隔層架出風口吹乾。

材料

- 無糖豆漿 2000 公克

平底鍋內倒入適量水。

放入裝好豆漿的湯鍋,開中火,
將豆漿鍋隔水加熱,煮至滾沸。

用中火保持溫度,煮至豆漿表面產生一層豆皮。

煮1張豆皮約需5分鐘,
要煮至豆漿表面帶有一點紋路。

每5分鐘可取1張豆皮。

將豆皮置於通風處,約一、兩小時即可陰乾。

Chinese
Style

豆腐百味

中華・豆腐料理

CHAPTER **1**

文思豆腐湯

清朝乾隆的揚州僧人文思法師，
自從創製細如髮絲的文思豆腐，展現精湛的豆腐絲刀工，
這道料理便成為中國料理經典之作。
切豆腐是練刀功夫，也是練心功夫，從中就可看出料理者的心思。

材料

- 嫩豆腐 200 公克
- 乾金針 25 公克
- 乾黑木耳 25 公克
- 蔬菜高湯 1000 公克
- 香菜 5 公克

調味料

- 香油 10 公克
- 鹽 5 公克

做法

1. 嫩豆腐切細絲，以熱水浸泡；乾金針泡開，切細絲；乾黑木耳泡開，切細絲；香菜洗淨，切小段，備用。
2. 取一鍋，倒入香油，開小火，把鍋燒熱後，放入金針絲與黑木耳絲炒香，再倒入蔬菜高湯，轉大火煮滾，慢慢加入豆腐絲，以鹽調味，再轉小火慢慢煨煮10分鐘，即可起鍋。
3. 以香菜段做裝飾，即可食用。

美味小提醒

- 豆腐絲加入鍋內後，要改以小火慢慢燉煮，不能繼續以大火保持大滾的滾沸狀態，以免豆腐容易破碎。
- 如欲避免豆腐容易切碎，可以在鹽水中切豆腐，或是先用少許鹽略微醃漬豆腐，讓豆腐出水，質地變硬，較易切絲。
- 如想將文思豆腐湯，改為口感濃稠的文思豆腐羹，可用太白粉加水調製勾芡水，在起鍋前淋上勾芡水即可。
- 蔬菜高湯的做法很多種，雖可直接使用紅蘿蔔塊、白蘿蔔塊、新鮮香菇，但如能活用廚餘，環保惜福，又方便省錢，所以提供用廚餘做高湯的方法。

蔬菜高湯   DIY

材料

- 高麗菜 200 公克 ● 黃豆芽 200 公克 ● 香菇蒂頭 100 公克 ● 芹菜葉 100 公克
- 紅蘿蔔皮 200 公克 ● 白蘿蔔皮 200 公克

做法

1. 高麗菜剝片洗淨；黃豆芽洗淨；香菇蒂頭洗淨；芹菜葉洗淨，備用。
2. 取一高湯鍋，倒入冷水 5000 公克，加入高麗菜片、黃豆芽、香菇蒂頭、芹菜葉、紅蘿蔔皮、白蘿蔔皮，以大火煮滾。
3. 滾沸後，改以小火，煮至高湯剩約 2/3，即可關火。

椒鹽千張豆腐條

坊間有大餅包小餅的點心，
以千張豆腐皮包豆腐泥，也具有同樣趣味。
千張的口感酥脆，而地瓜豆腐泥的口感綿密，
交織出一種迷人的豆腐新風味。

材料

- 千張2張
- 板豆腐2塊
- 地瓜60公克
- 蘆筍8支
- 薑10公克

麵糊

- 中筋麵粉25公克
- 水50公克

調味料

- 鹽5公克
- 白胡椒粉5公克
- 花椒粉3公克
- 椒鹽粉10公克

做法

1 地瓜洗淨去皮，蒸熟，壓成泥；板豆腐洗淨，以紙巾吸乾水分；千張擦拭乾淨，切5公分寬條，以鹽、白胡椒粉、花椒粉調味；蘆筍洗淨，以滾水燙熟，切5公分長段；薑洗淨，切末，備用。

2 板豆腐過篩成泥，與地瓜泥混合，取1條千張皮塗抹上豆腐地瓜泥，捲入一段蘆筍，並以麵糊封口。

3 熱油鍋，以170度油溫，將千張豆腐條炸至呈金黃色，即可取出瀝油。

4 取一個盤子，放上千張豆腐條，以蘆筍段做裝飾，佐以椒鹽粉，即可食用。

美味小提醒

- 由於千張很薄，抹地瓜泥時，不能太用力。
- 炸千張時，油溫不能過高，溫度約170度最適宜，需要在外皮稍微變色時立即取出，如果持續加溫，會炸至焦黑變色。炸物在撈起後，內部熱度仍會持續加溫，所以不能高溫久炸。
- 炸油的用量，由於每人的烹飪習慣與鍋具不同，所以本書不另逐一寫出炸油用量。通常約需600公克，使用沙拉油、花生油皆可。

醍醐豆腐

醍醐豆腐是常見的素食宴客菜，
看似一道困難的功夫菜，
其實只要多一點耐心，掌握煮滷的火候，
就能完成美味的醍醐豆腐。

材料

- 木棉豆腐1塊
- 百頁豆腐1塊
- 白蘿蔔1條
- 海苔4片
- 水蓮6條
- 嫩薑20公克
- 蔬菜高湯1000公克
- 甘草2片
- 八角1顆
- 桂枝2根
- 枸杞5公克

麵糊

- 中筋麵粉25公克
- 水50公克

調味料

- 醬油200公克
- 冰糖45公克
- 沙拉油15公克

做法

1. 白蘿蔔洗淨去皮；木棉豆腐、百頁豆腐洗淨，以紙巾吸乾水分；海苔剪5公分正方，備用。

2. 白蘿蔔、木棉豆腐、百頁豆腐分別切5公分方塊，再片為1公分厚的厚片。

3. 取1片木棉豆腐為底，以麵糊在豆腐表皮沾黏海苔，再繼續往上依序堆疊1片白蘿蔔片、1片海苔片、1片木棉豆腐片、1片海苔片、1片百頁豆腐，再以水蓮將豆腐塔綁起，重複完成6個豆腐塔。

4. 取一鍋，倒入沙拉油，開小火，拌炒冰糖至上色，加入醬油、甘草、八角、桂枝、枸杞，倒入蔬菜高湯，轉大火煮滾，再轉小火，放入豆腐塔滷製。

5. 待豆腐塔滷至入色、入味，即可起鍋。

美味小提醒

- 若要呈現更亮麗的色澤，可以增加冰糖的用量。

夜市美食最能凸顯現臺灣小吃的魅力，
臭豆腐鑲泡菜是夜市必有的美食，
每個老闆都有自己特製烤醬與泡菜，不來上一盤，似乎就像沒逛到夜市。
其實在家也可自製烤芝麻臭豆腐鑲泡菜，
臭豆腐抹上芝麻燒烤醬，更加香氣十足。

材料
- 臭豆腐4塊
- 泡菜適量
- 香菜3公克

調味料
- 芝麻燒烤醬130公克

做法

1 臭豆腐洗淨，以紙巾吸乾水分；香菜洗淨，切小段，備用。

2 熱油鍋，將油燒熱至170度，將臭豆腐放入油鍋內，炸至表皮金黃香脆，即可起鍋瀝油。

3 將臭豆腐表面塗上芝麻燒烤醬，放入烤箱，以200度烘烤至表面上色3分鐘，即可取出。

4 將臭豆腐中間剖開，鑲入泡菜，以香菜段做裝飾即可。

DIY

芝麻燒烤醬

材料
- 糖10公克 ● 芝麻醬30公克 ● 香油15公克
- 辣油5公克 ● 醬油30公克 ● 黑醋30公克 ● 花生粉10公克

做法

1.取一個碗，倒入20公克水，加入糖、芝麻醬，攪拌均勻。

2.加入香油、辣油、醬油、黑醋、花生粉，攪拌均勻，即是芝麻燒烤醬。

泡菜

材料
- 高麗菜300公克 ● 紅蘿蔔10公克 ● 辣椒3公克
- 鹽30公克 ● 糖60公克 ● 糯米醋90公克 ● 香油5公克

做法

1.高麗菜洗淨剝片，切4公分寬片；紅蘿蔔洗淨去皮，切細絲；辣椒洗淨去子，切絲，備用。

2.取一個大碗，加入高麗菜片、紅蘿蔔絲、鹽，充分攪拌均勻，輕輕搓揉至略軟，瀝乾水分，放入冰箱冷藏2個小時。

3.從冰箱取出後，用冷開水洗除鹽分，加入糖、糯米醋、香油，放入冰箱，醃漬2天即可。

美味小提醒

- 鑲入臭豆腐的泡菜，要瀝乾水分，瀝乾的方法很多種，如無瀝水容器，可放到漏網擠乾，或放到棉布袋裡擠乾，或直接用手擰乾水分。

臺灣人通常習慣吃甜豆花，
沒機會吃到鹹味或辣味豆花，
乍看麻辣豆腐腦，可能連一試的勇氣都沒有。
其實麻辣豆腐腦是一道四川傳統佳餚，
口感滑嫩，麻辣鮮香，不妨試看看！

材料
- 手工豆花1碗（200公克）
- 千張1片
- 芹菜30公克

調味料
- 麻辣醬50公克
- 辣油50公克
- 鹽3公克

做法

1 千張擦拭乾淨，切細絲；芹菜洗淨，切末，備用。

2 熱油鍋，以170度油溫，將千張炸至酥脆，即可起鍋瀝油。

3 豆花以湯匙挖取成片狀，以鹽調味，放入電鍋蒸8分鐘，即可取出，倒除多餘水分，即是豆腐腦。

4 豆腐腦淋上麻辣醬與辣油，放上千張絲，撒上芹菜末，即可食用。

DIY

辣油

材料
- 薑5公克 • 花椒粒20公克 • 乾辣椒20公克
- 香油30公克 • 紅油30公克 • 甘草2片

做法

1. 薑洗淨，切片；花椒粒洗淨，備用。

2. 取一鍋，倒入香油、紅油，微熱後加入薑片爆香，再加入乾辣椒、花椒粒、甘草，低溫油泡5分鐘，即可取出瀝油。

麻辣醬

材料
- 薑10公克 • 芹菜20公克 • 新鮮九層塔10公克 • 辣油50公克
- 辣豆瓣醬30公克 • 辣椒粉10公克 • 花椒粉10公克 • 白胡椒粉5公克
- 老抽10公克 • 糖15公克 • 醬油15公克 • 豆豉10公克 • 蔬菜高湯100公克

做法

1. 薑洗淨去皮，切末；芹菜洗淨，切末；新鮮九層塔洗淨，切碎，備用。

2. 取一鍋，倒入辣油，爆香薑末、芹菜末、九層塔碎，再加入辣豆瓣醬炒香，再加入辣椒粉、花椒粉、白胡椒粉、老抽、糖、醬油、豆豉，倒入蔬菜高湯，熬煮至稠狀出味，即可取出。

美味小提醒

- 麻辣醬在熬煮過程，需經常攪拌以防止黏鍋。

紅燒豆腐球

紅燒豆腐球是很多人想學的家常菜,
但是豆腐球要煨至入味,又不鬆散破裂,其實是需要一些工夫,
如果能有耐心地先油炸定型,用慢火煨煮,
紅燒豆腐球必能十分入味。

材料
- 絹豆腐1塊
- 紅蘿蔔30公克
- 乾香菇3朵
- 沙拉筍30公克
- 芹菜15公克
- 豆薯15公克
- 蔬菜高湯300公克

調味料
- 沙拉油15公克
- 鹽5公克
- 白胡椒粉5公克
- 香油10公克
- 太白粉15公克
- 醬油膏50公克
- 糖20公克

做法
1. 絹豆腐洗淨;紅蘿蔔洗淨去皮,取1/3切片,其餘切末;乾香菇泡開,取1/3切片,其餘切末;沙拉筍取1/3切片,其餘切末;芹菜洗淨,切末;豆薯洗淨去皮,切末,備用。

2. 取一個鋼盆,放入絹豆腐搗碎,加入紅蘿蔔末、香菇末、筍末、芹菜末、豆薯末,與鹽、白胡椒粉、香油、太白粉充分拌勻,擠成豆腐球狀。

3. 起油鍋,以170度油溫,將豆腐球炸至表面呈金黃色,即可取出瀝油。

4. 另取一鍋,倒入沙拉油,加入糖,待糖融化,以醬油膏調味,倒入蔬菜高湯,再放入炸豆腐球,煨煮入味上色。

5. 取出豆腐球,盛碗。

6. 鍋內湯汁加入紅蘿蔔片、香菇片、筍片,煮至湯汁濃稠收汁,即可起鍋,將湯汁淋在豆腐球上。

美味小提醒
- 使用超級市場販售的沙拉筍,是因便利,能使用當令盛產的新鮮竹筍更佳。處理竹筍的方式很多,建議可以將整顆竹筍不剝殼,直接以滾水煮熟,放入冰箱冷藏,要使用時,再取出剝殼即可。煮竹筍的用水比例為1000公克水、35公克鹽,竹筍便能鮮美不苦澀,通常煮約30分鐘,即可取出放入冰箱冷藏。

- 豆薯是一種常見的根莖類植物,外皮褐色,狀似扁平洋蔥,價格實惠,口感爽脆,可增加料理的美味。

- 豆腐球內的香油,可以提昇整體的美味。炸過的豆腐球在烹煮過後,可以逼出香油的香氣,讓豆腐球具有豆香與芝麻香。

炸響鈴是傳統的中華美食，
腐皮經過油炸後，香氣迷人，嚼食時會發出輕脆如響鈴的聲音。
腐皮是家常的食材，但只要經過油炸處理，
立即變得酥脆迷人，不同凡響。

材料

- 腐皮2張
- 豆干（大塊）1塊
- 沙拉筍30公克
- 冬粉30公克
- 紅蘿蔔30公克
- 乾香菇30公克
- 四季豆30公克
- 美生菜10公克
- 小番茄1粒

炸冬粉

- 冬粉1把（20公克）

麵糊

- 中筋麵粉30公克
- 水30公克

調味料

- 五香粉2公克
- 白胡椒粉2公克
- 鹽3公克
- 番茄醬20公克

做法

1　腐皮擦拭乾淨，切8公分寬、20公分長的長段；豆干洗淨，切末；紅蘿蔔洗淨去皮，切末；乾香菇泡開，切末；四季豆洗淨摘除頭尾，切末；冬粉泡開，切碎；美生菜洗淨；小番茄洗淨，對剖，備用。

2　取一個碗，加入豆干末、紅蘿蔔末、香菇末、四季豆末、冬粉碎，混合均勻，以五香粉、白胡椒粉、鹽調味，即是餡料。

3　取1張腐皮，鋪上餡料，包成三角形，邊緣抹上麵糊封口，依此完成另1個三角餃。

4　熱油鍋，以160度油溫，放入炸酥三角餃，3分鐘後撈起，待油鍋溫度升至180度後，再度下鍋炸3分鐘，即可取出瀝油盛盤。

5　重熱油鍋，以180度油溫，放入冬粉油炸定型，即可起鍋整型。

6　取一盤，以炸冬粉鋪底，放上炸響鈴，以小番茄、美生菜做裝飾，佐以番茄醬，即可食用。

美味小提醒

- 食用炸響鈴時，也可佐以胡椒鹽。
- 很多人以為冬粉只適合熱炒或煮湯，其實也可以油炸成點心，炸冬粉可淋麻辣醬或泡湯汁食用。炸冬粉的要領是要開大火，油溫要高，才能快速炸定型。

重慶涼拌干絲

重慶涼拌干絲的要領，就在於切絲的刀工，
切絲切得均勻，爽脆口感自然大為加分。
素食最常考驗料理人的就在於切絲的刀工。
由豆干絲、蔬菜絲，是否切得粗細一致，便可一窺調心功夫如何。
如果能專心一致，便能將涼拌干絲切得像一道彩虹般美麗。

材料

- 干絲120公克
- 豆干20公克
- 腐皮20公克
- 小黃瓜20公克
- 紅蘿蔔20公克
- 乾黑木耳10公克
- 豌豆仁10公克
- 綠豆芽30公克
- 蔬菜高湯500公克
- 香菜30公克

調味料

- 沙拉油50公克
- 辣椒粉10公克
- 乾辣椒2公克
- 花椒油10公克
- 果醋15公克
- 糖15公克
- 黑麻油15公克
- 醬油15公克

做法

1 干絲洗淨；豆干洗淨，切絲；腐皮洗淨，切絲；小黃瓜洗淨，切絲；紅蘿蔔洗淨去皮，切絲；乾黑木耳泡開，切絲；豌豆仁洗淨；綠豆芽洗淨摘除頭尾；香菜洗淨，切小段，備用。

2 取一鍋，倒入蔬菜高湯，開大火煮滾，分次將干絲、豆干絲、腐皮絲、小黃瓜絲、紅蘿蔔絲、黑木耳絲、豌豆仁、綠豆芽燙熟，即可撈起，以冷水冰鎮。

3 取一鍋，倒入沙拉油，開小火，把鍋燒熱後，即可關火，將熱油盛碗。

4 取一個碗，加入10公克水、辣椒粉、乾辣椒、花椒油調勻，再沖入熱油，快速攪拌均勻，即為辣油。辣油以果醋、糖、黑麻油、醬油調味，攪拌均勻，即為麻辣醬。

5 取一個碗，先以干絲鋪底，上面整齊放上豆干絲、腐皮絲、小黃瓜絲、紅蘿蔔絲、黑木耳絲、豌豆仁、綠豆芽，淋上麻辣醬，以香菜段做裝飾，即可食用。

美味小提醒

- 蔬菜絲要盡量切細，讓醬料的沾附面積可以均勻，吃起來會比較有味道。

孜然豆腐串

中華料理雖以八大菜系聞名,蒙古、新疆等地的風味菜,
其實也早已與中華料理融為一爐。
近年盛行的孜然香料,不只火鍋常用,串烤更少不了這獨特的一味,
讓人能感受到草原民族無拘無束的自由自在。

材料
● 凍豆腐1塊
● 芹菜20公克
● 紅椒50公克
● 黃椒50公克
● 青椒50公克
● 竹籤3支
● 醃漬小黃瓜40公克

烤醬醃料
● 咖哩粉10公克
● 孜然粉20公克
● 甜麵醬50公克
● 黑糖20公克
● 薑5公克

做法

1　凍豆腐洗淨,切長方形塊,以小刀在中央點穿刺一個小洞,以滾水汆燙,取出放涼;薑洗淨去皮;芹菜洗淨,切小段(比凍豆腐片略長一點),塞入凍豆腐的小洞中;紅椒、黃椒、青椒洗淨,切塊,與凍豆腐塊,一起用竹籤串起,備用。

2　取一個碗,加入咖哩粉、孜然粉、甜麵醬、黑糖、薑,倒入50公克水,放入果汁機攪打成烤醬醃料。

3　將豆腐串放入烤醬醃料中,移入冰箱冷藏2小時。

4　從冰箱取出豆腐串,放入烤箱,以160度烘烤10分鐘,即可取出。

5　孜然豆腐串燒搭配醃漬小黃瓜一起食用,更加美味爽口。

DIY

醃漬小黃瓜

材料
● 小黃瓜1條　● 鹽10公克　● 糖15公克
● 糯米醋15公克　● 香油5公克

做法
1. 小黃瓜洗淨,切片,以鹽醃漬10分鐘,擠除水分。
2. 以糖、糯米醋、香油調味,攪拌均勻,醃漬30分鐘,待入味即可。

美味小提醒

● 豆腐串醃製時間愈久,口味愈重。
● 豆腐串不一定要使用烤箱,也可改以碳烤方式,或在瓦斯爐架上烤盤烤熟。

豆腐水晶圓

水晶圓是臺灣道地的小吃，
不論清蒸或油炸，都各有喜愛者。
水晶圓看似簡單，其實也是一道功夫菜。
除要準備豐富的餡料，低溫油泡脆皮，也需要耐心。
特別提供獨家米醬配方，與大家共享。

材料

- 豆干300公克
- 沙拉筍100公克
- 乾香菇30公克
- 蔬菜高湯300公克
- 板豆腐100公克
- 地瓜粉270公克
- 太白粉30公克
- 無糖冷豆漿240公克
- 香菜10公克
- 辣椒3公克

調味料

- 香油15公克
- 醬油100公克
- 糖30公克
- 白胡椒粉5公克
- 米醬汁100公克

做法

1. 豆干洗淨，切丁；沙拉筍切丁；乾香菇泡開，切丁；板豆腐洗淨，瀝乾水分，用湯匙壓碎；香菜洗淨，切段；辣椒洗淨去子，切絲，備用。

2. 取一鍋，倒入香油，加入香菇丁炒香，再以醬油、糖、白胡椒粉調味，加入蔬菜高湯，煮至湯汁收乾，最後拌入板豆腐碎，即可起鍋，放冷，即是餡料。

3. 取一個碗，加入地瓜粉、太白粉、冷豆漿，攪拌均勻，再加入滾燙的600公克熱水，攪拌至呈光滑粉漿狀，放涼。

4. 取一個小碗，碗內塗上少許香油，把粉漿倒入碗內約1公分厚度，將餡料鋪在上面，再倒滿粉漿。

5. 將小碗放入蒸鍋內，蒸10分鐘，即可取出，將碗內的水晶圓倒扣出來。

6. 熱油鍋，將油燒熱至160度，轉中火，放入水晶圓，炸至水晶圓外緣有金黃色脆皮即可，即可取出水晶圓。

7. 將水晶圓淋上適量米醬汁，以香菜段、辣椒絲做裝飾，即可食用。

美味小提醒

- 本次的食材量，可做8粒水晶圓。如喜歡清爽的口感，水晶圓也可以直接食用，不另再油炸。如喜歡脆皮更酥脆的口感，可在炸熟後，轉小火，採用油泡方式炸酥。
- 製作米醬汁所加入的400公克水，也可改用高湯，味道會更美味。
- 煮醬汁時，在煮的過程要不停用打蛋器攪拌，以免黏鍋。
- 如購買的辣椒醬帶有辣椒皮，可以篩網過濾米醬汁，讓口感更細緻。

米醬汁 DIY

材料

- 糯米粉24公克
- 糖40公克
- 辣椒醬40公克
- 白味噌30公克

做法

1. 取一鍋，開小火，倒入400公克水，加入糯米粉、糖、辣椒醬、白味噌。
2. 煮滾後，在鍋內直接用打蛋器慢慢攪拌，加熱醬汁，待煮至呈稠狀後，即可關火，保溫。

很多餐廳做的茶香豆腐其實一點也不香，
原因出在用錯了工夫。
茶香豆腐必須多一道蒸茶葉的程序，才能鎖住茶香，
如果偷懶直接以熱水沖茶，香氣會蕩然無存。

材料

- 油豆腐5塊
- 荸薺2顆
- 沙拉筍10公克
- 香菜10公克
- 綠茶30公克
- 太白粉30公克
- 中筋麵粉20公克

調味料

- 鹽3公克
- 白胡椒粉3公克
- 香油30公克
- 沙拉油15公克

做法

1　油豆腐洗淨，切三角形，以小湯匙挖取豆腐肉；荸薺洗淨去皮，切碎；沙拉筍切碎；香菜洗淨，切碎；備用。

2　取一個碗，加入豆腐肉、荸薺碎、沙拉筍碎、香菜碎，攪拌均勻，以鹽、白胡椒粉、香油調味，加入太白粉增加黏性，再回填入油豆腐中，切口沾抹中筋麵粉。

3　熱油鍋，以170度油溫，將油豆腐炸至熟透香酥，即可取出瀝油。

4　取一個碗，加入綠茶，倒入15公克水，放入電鍋，蒸10分鐘，即可取出茶葉，瀝乾水分。

5　取一炒鍋，倒入沙拉油，開中小火，放入綠茶，炒出茶香，再加入油豆腐拌炒，轉大火，收汁，即可起鍋盛盤。

美味小提醒

- 綠茶以選用有綠茶之王美名的龍井茶為佳，但也可改用其他綠茶。
- 茶葉要用電鍋蒸，是因用蒸法可讓茶香留在茶葉裡，如果用熱水泡茶，茶香會流失，這是做茶料理的關鍵。
- 如不習慣油炸料理，也可以改為油煎，將油豆腐煎至酥香。

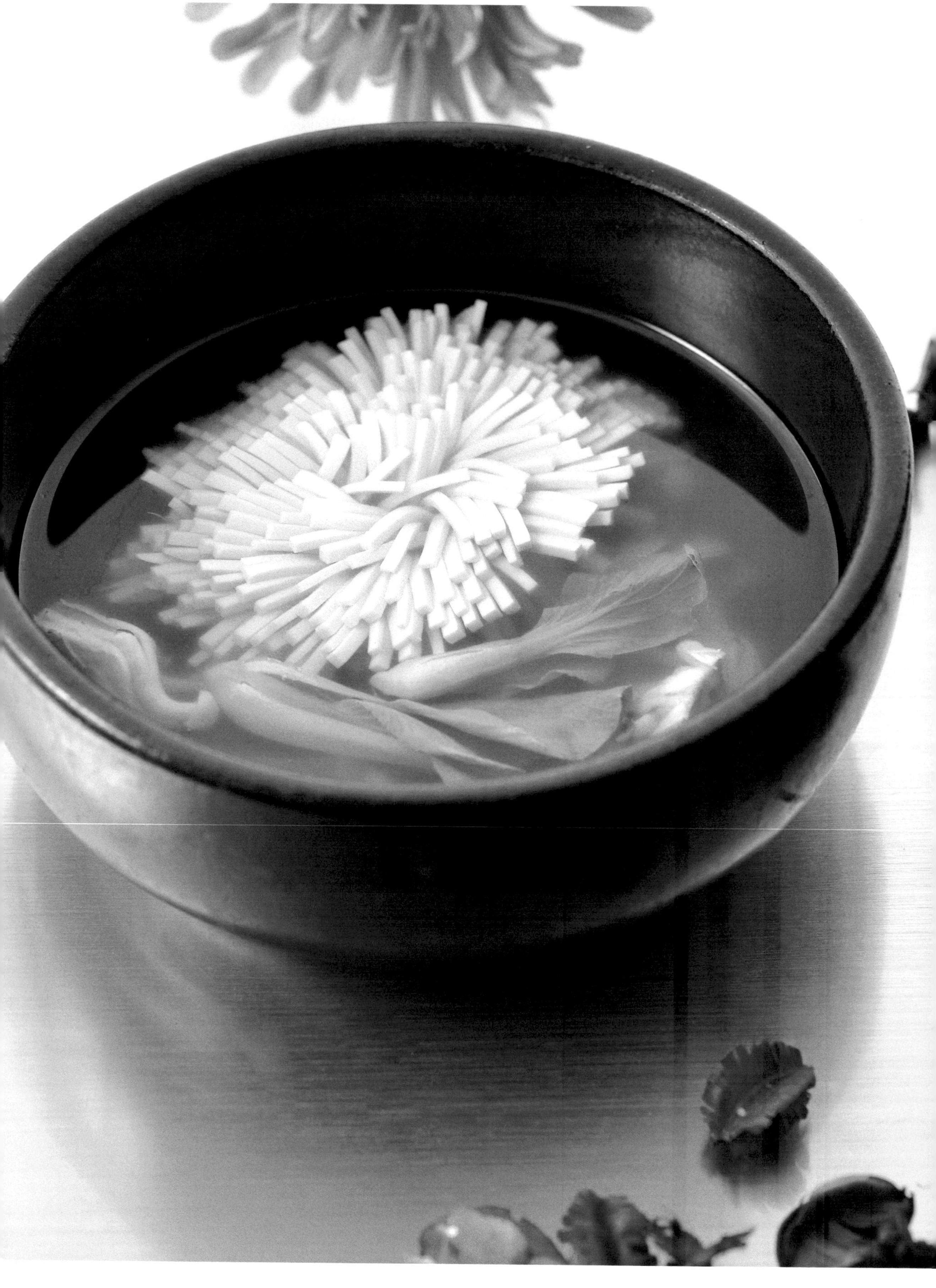

菊花豆腐看似簡單,只是以刀片出花瓣而已,
卻必須全神專注,才能一氣呵成。
一旦心浮氣躁,菊花豆腐便會雪崩潰散,
反之,則能綻放出最美的花朵。

材料
- 嫩豆腐1塊
- 鴻禧菇10公克
- 美白菇10公克
- 金針菇10公克
- 巴西蘑菇10公克
- 紅蘿蔔10公克
- 青江菜2棵
- 蔬菜高湯150公克

調味料
- 鹽3公克

做法

1 嫩豆腐洗淨;鴻禧菇、美白菇、金針菇、巴西蘑菇洗淨,切小丁;紅蘿蔔洗淨去皮,切片;青江菜洗淨,備用。

2 嫩豆腐切5立方公分塊,在嫩豆腐左右外側,架2支筷子,以免切斷豆腐。以0.2公分為間距,快速將嫩豆腐切片。切好後,再將砧板轉90度,換邊再切。完成後,即是菊花豆腐。

3 取一個湯盅,放入菊花豆腐,加入鴻禧菇丁、美白菇丁、金針菇丁、巴西蘑菇丁、紅蘿蔔片、青江菜,倒入蔬菜高湯,以鹽調味。

4 湯盅放入電鍋,蒸20分鐘,即可取出。

美味小提醒

- 菊花豆腐倒入蔬菜高湯後,即會自然開花,可略撥動整型。
- 在切豆腐時,為免豆腐倒塌,要邊切邊用手扶住豆腐。

紫山藥豆腐煎餃

豆腐是很隨和的一種食材，
既可做鑲豆腐，鑲入各種食材，也可做餡料，融合各種食材風味。
紫山藥豆腐煎餃不但以豆腐泥為餡，
還添加了檸檬皮末，產生不可思議的迷人香氣，
尋常煎餃，也可以有高雅的風味。

材料

- 板豆腐1塊
- 紫山藥60公克
- 榨菜30公克
- 花生碎15公克
- 檸檬1/2顆
- 水餃皮12張

麵粉水

- 中筋麵粉5公克
- 水50公克
- 香油10公克

調味料

- 沙拉油6公克
- 鹽6公克
- 黑胡椒粉5公克
- 太白粉少許

做法

1 板豆腐洗淨，瀝乾水分，過篩為豆腐泥；紫山藥去皮切塊，蒸熟過篩為紫山藥泥；榨菜略微沖洗，切細末；檸檬洗淨，用刨絲器取皮末皮末，備用。

2 取一個碗，加入榨菜末、紫山藥泥、豆腐泥、檸檬皮末、花生碎，一起攪拌為餡料，加入太白粉以增加黏性，以鹽、黑胡椒粉調味。

3 取1張水餃皮，包入紫山藥豆腐餡料，依序完成全部餃子。

4 取一平底鍋，倒入沙拉油，排入餃子，開中火，倒入麵粉水，蓋上蓋子，轉小火，煎5分鐘，煎至酥香，即可起鍋。

美味小提醒

- 板豆腐與紫山藥塊過篩的方法，選用孔目比較粗的篩網按壓過篩即可。如想要採用更簡便的方法，也可將板豆腐與紫山藥塊放入塑膠袋裡，直接壓碎成泥。

- 榨菜不要過度沖洗，以免洗除風味。如希望口感更佳、香氣更濃，可將榨菜末油炸過油，或是炒香。

- 取用檸檬皮是為增加料理的香氣，使用檸檬皮末，要留意不要取到白色皮肉部分，以免味道苦澀。

三杯豆寶

三杯料理是臺式料理的代表，
以一杯黑麻油、一杯醬油、一杯糖完成的素食三杯，
加上百頁豆腐、油豆腐、油豆包三種豆腐的不同口感，
再融合九層塔與老薑的香氣，
就完成一道層次多元的懷舊料理。

材料

- 百頁豆腐100公克
- 油豆腐100公克
- 油豆包50公克
- 蘑菇30公克
- 沙拉筍50公克
- 蔬菜高湯50公克
- 老薑20公克
- 新鮮九層塔10公克
- 辣椒5公克

調味料

- 黑麻油40公克
- 醬油60公克
- 糖45公克

做法

1 百頁豆腐洗淨，瀝乾水分，切大丁；油豆腐洗淨，瀝乾水分，切大丁；油豆包洗淨，瀝乾水分，切大丁；蘑菇洗淨，對剖；沙拉筍切大丁；老薑洗淨，切片；辣椒洗淨去子，切絲；新鮮九層塔洗淨，備用。

2 熱油鍋，以170度油溫，將百頁豆腐丁、油豆腐丁、油豆包丁過油，至表面稜角處炸至金黃上色，即可撈起瀝油。

3 取一鍋，倒入黑麻油，開小火，將老薑片慢慢煎香，呈焦黃色，約3分鐘，加入辣椒絲、百頁豆腐丁、油豆腐丁、油豆包丁、蘑菇塊、筍丁，轉大火，以醬油嗆鍋，以糖調味，拌炒均勻，加入蔬菜高湯，待湯汁收乾時，拌入九層塔，即可起鍋。

美味小提醒

- 老薑去不去皮皆可，去皮可讓外表比較好看，保留外皮則更具有驅寒效果。

- 辣椒去子，味道比較不辣，口感也會較佳。

- 黑麻油是用黑芝麻製作的；白麻油又稱香油，是用白芝麻製作的。黑麻油料理可以滋補身體，香油則通常用於調味，增加香氣。

- 如不習慣豆腐採用過油的處理方式，怕油膩與耗油，也可改用煎法代替，但油煎會多用一些時間。

苦盡干來

花干通常只被視為滷味小菜，
這次特別以它製作苦瓜盅，是一道很受歡迎的主菜。
花干不但能吸收湯汁，並能釋放本身滷製過的美味，
讓人品嘗到「苦盡干來」的滋味。

材料

- 苦瓜1條
- 花干3塊
- 乾黑木耳（小朵）30公克
- 紅蘿蔔20公克
- 嫩薑10公克
- 甜豆仁20公克
- 玉米粒45公克
- 蔬菜高湯100公克

勾芡水

- 太白粉10公克
- 水20公克

調味料

- 香油30公克
- 鹽15公克
- 白胡椒粉15公克
- 素蠔油30公克

做法

1 苦瓜洗淨，切5公分長段，先蒸熟，再挖除瓜囊與子，成為苦瓜盅；花干洗淨，瀝乾水分，切小丁；乾黑木耳泡開，切小丁；紅蘿蔔洗淨去皮，切小丁；嫩薑洗淨，切碎；甜豆仁洗淨，以滾水燙熟，備用。

2 取一鍋，倒入香油，爆香薑碎與紅蘿蔔丁，加入花干丁與玉米粒拌炒，以鹽、白胡椒粉、素蠔油調味，加入甜豆仁拌炒，即可起鍋。

3 將全部炒料填入苦瓜盅，放入蒸鍋，蒸25分鐘，即可取出盛盤。

4 將蒸熟的苦瓜湯水倒出，另取一鍋，開小火，倒入苦瓜湯水、蔬菜高湯，以勾芡水勾芡，即可起鍋，將芡汁淋在苦瓜盅上。

美味小提醒

- 苦瓜要先蒸熟，再挖除瓜囊與子，不然苦瓜盅會變型，影響美觀。
- 蒸苦瓜盅時所產生的苦瓜湯水，是苦瓜的精華，與蔬菜高湯一起勾芡，芡汁風味更美味。如害怕苦瓜苦味過苦，可加入一點冰糖調味。

有些人煮的臭豆腐煲，會讓人聞香而來，
有些人則是讓人退避三舍，臭味盤踞廚房久久不散。
臭豆腐除要挑選優質臭豆腐，在燉煮時也要留意調味，
不要加入過多的醬油、鹽、豆瓣醬……，
最後只吃到鹹味，而吃不出臭豆腐煲的香軟風味。

材料

- 臭豆腐2塊
- 昆布1片（20公克）
- 乾香菇2朵
- 金針菇15公克
- 乾金針15公克
- 乾黑木耳（小朵）10公克
- 白莧菜葉20公克
- 小番茄4顆
- 蔬菜高湯200公克

調味料

- 鹽3公克
- 薄鹽醬油10公克

做法

1 臭豆腐洗淨；昆布用乾布略微擦拭；白莧菜葉洗淨；乾香菇泡開，切絲；金針菇洗淨，切段；乾金針泡開，切段；乾黑木耳泡開，切絲；小番茄洗淨，對剖，備用。

2 取一小砂鍋，以香菇絲、金針菇段、金針段、黑木耳絲鋪底，放上臭豆腐，壓住鋪底的材料。

3 加入小番茄塊、昆布，倒入蔬菜高湯，移入電鍋，蒸20分鐘，加入白莧菜葉，以鹽、薄鹽醬油調味。再繼續蒸5分鐘，即可取出。

美味小提醒

- 要選擇優質臭豆腐，不能有過度的臭味，以免選購添加人工香料的劣質臭豆腐，影響豆腐煲的風味。

- 臭豆腐的味道如果過臭，可以開大火先燙過，讓臭豆腐的毛細孔打開，吸收其他食材味道，消除本身臭味。

- 白莧菜葉較晚放入電鍋蒸，是為保持鮮翠不變色。

很多人都說「刈包」是臺灣漢堡，刈包的熱量不像一般速食產品般高，
卻更方便實用，可自由加入喜愛的餡料。
用黑豆腐製作純素刈包，改變大家對素食常用素肉的印象，
讓刈包有了不一樣的滋味組合，讓素食變得更多元，也更健康。

材料
● 黑豆腐1塊
● 白山藥50公克
● 麵包粉50公克
● 照燒醬30公克
● 中筋麵粉30公克
● 美生菜10公克
● 刈包1個
● 小番茄5公克

調味料
● 鹽2公克
● 白胡椒粉3公克
● 沙拉油20公克

醬汁
● 無酒精味醂30公克
● 香菇醬油30公克

做法

1 黑豆腐洗淨；白山藥洗淨去皮，蒸熟，搗成泥；美生菜洗淨；小番茄洗淨，切圓片，備用。

2 黑豆腐與白山藥泥一起搗碎拌和，加入麵包粉、照燒醬、中筋麵粉攪拌均勻，以鹽、白胡椒粉調味，分成兩等份，捏製成餅狀。

3 取一碗，加入味醂、香菇醬油，調和成醬汁。

4 取一平底鍋，倒入沙拉油，開小火，放入白山藥黑豆腐餅，待底部固定後，翻面，放入50公克水，蓋上鍋蓋。

5 悶煮3分鐘後，打開鍋蓋，將白山藥黑豆腐餅雙面塗上醬汁，反覆刷抹，直至上色，即可起鍋。

6 刈包切為圓餅狀，以美生菜鋪底，放上白山藥黑豆腐餅、小番茄片，即可食用。

美味小提醒

● 黑豆腐在此是指用黑豆做的豆腐，也可以改換成其他質地比較硬質的豆腐。

● 煎豆腐時，不要急著翻動，以便定型。

臭豆腐炒飯

惜福，常讓人因此產生創意。
相傳臭豆腐是清朝光緒的王致和無意間發明的，
因捨不得丟棄酸敗的豆腐，而創製了臭豆腐，
他甚至以一首詩〈國香臭豆腐〉得中舉人，
從此「臭名遠揚」。

材料

- 白飯 1 碗
- 臭豆腐 1 塊
- 青豆仁 15 公克
- 乾香菇 1 朵
- 紅蘿蔔 15 公克
- 玉米筍 1 根
- 蘿蔔乾 15 公克
- 熟黑芝麻 2 公克

調味料

- 香油 50 公克
- 鹽 3 公克
- 白胡椒粉 2 公克

做法

1　臭豆腐洗淨，用紙巾吸乾水分，切小丁；青豆仁洗淨；乾香菇泡開，切小丁；紅蘿蔔洗淨去皮，切小丁；玉米筍洗淨，切小丁；蘿蔔乾過水，擠乾水分，切小丁，備用。

2　取一鍋，倒入香油，爆香臭豆腐丁，大火煸炒至香氣散出，臭豆腐丁呈金黃色，加入紅蘿蔔丁、香菇丁、蘿蔔乾丁炒香，再加入青豆仁、玉米筍丁拌炒，最後加入白飯鬆炒均勻，以鹽、白胡椒粉調味，撒上黑芝麻，即可起鍋。

美味小提醒

- 蘿蔔乾過水的目的，是為了降低鹹度。
- 白飯建議使用隔夜飯，較易炒得粒粒分明。
- 傳統炒飯的用油量較多，為避免攝取過多的油量，可在白飯裡先加入 15 公克沙拉油。
- 炒飯如果炒得過乾，可以加上適量的高湯拌炒。
- 炒飯的時候，建議盡量使用平底鍋開大火炒，因為鍋底高溫，比較不容易黏鍋。

豆包炸醬麵

豆干是炸醬的重要角色，同時使用容易入味的豆包與豆干，
製作美味實用的炸醬，讓口感變化更豐富。
豆包炸醬百吃不膩的關鍵在於，
豆包與豆干能充分吸收甜麵醬濃郁的香甜醬汁，
吃起來卻爽口不油膩。

●●●●●●●●●●●●●●●●●●●●●●●●●●●●●●●●●●●●

材料

- 豆包3塊
- 豆干3塊
- 美白菇50公克
- 杏鮑菇50公克
- 毛豆30公克
- 嫩薑20公克
- 蔬菜高湯500公克
- 關廟麵1把（30公克）

調味料

- 沙拉油40公克
- 甜麵醬120公克
- 豆瓣醬15公克
- 糖30公克
- 醬油30公克

做法

1 豆包、豆干、美白菇、杏鮑菇分別洗淨，切0.5立方公分小丁；毛豆洗淨；嫩薑洗淨，切末，備用。

2 取一鍋，倒入沙拉油，加入美白菇丁與杏鮑菇丁，炒至香軟，再加入豆干丁、薑末，以甜麵醬調味，拌炒均勻上色，炒香後加入豆瓣醬、糖、醬油。

3 倒入蔬菜高湯，加入豆包丁，燉煮至收汁，即可起鍋。

4 另取一鍋，倒入適量水，煮滾，加入關廟麵煮至熟，即可起鍋，瀝乾水分。

5 取一碗，放入關廟麵，加入豆包炸醬，攪拌均勻，即可食用。

●●●●●●●●●●●●

美味小提醒

- 豆包要選用未油炸過的清豆包。
- 豆包炸醬用於拌麵、拌飯，都很美味。

港式甜湯因滋補養生，特別深受愛美女性喜愛，
期望透過食療達到「凍齡」效果，讓肌膚像嫩豆腐一樣潔白柔軟。
這一品腐竹銀耳薏米露，有許多養顏美容的健康好食材，
可以帶給人好氣色。

材料
- 腐竹1塊
- 薏米15公克
- 小紅豆15公克
- 白果8顆
- 桂圓8顆
- 白木耳3公克

調味料
- 冰糖30公克

做法

1 薏米洗淨，以水浸泡2小時；小紅豆洗淨，以水浸泡2小時；腐竹洗淨，以水浸泡10分鐘，剝小片；白果除去外皮與果心，以滾水汆燙去味；白木耳泡開，備用。

2 取一湯鍋，倒入800公克水，開大火煮滾後，轉小火，加入腐竹，熬煮至腐竹軟爛。

3 加入薏米與小紅豆煮熟，再加入白果、桂圓，繼續以小火熬煮5分鐘，加入白木耳，以冰糖調味，煮至冰糖溶化，即可起鍋。

美味小提醒

- 選購薏米，要挑選形狀完整飽滿，顏色不宜太白，以免經過漂白。
- 煮小紅豆的要領為，浸泡水的時間一定要足夠，以讓水分滲透紅豆組織，易烹煮熟爛。
- 如希望腐竹能煮至融化，要選用適合煮甜湯的小條腐竹。

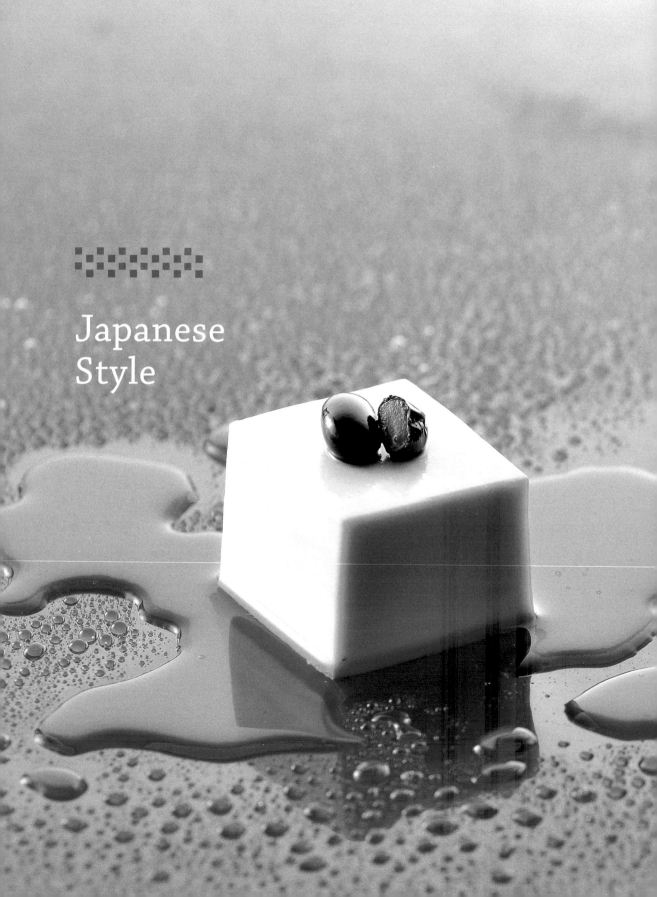

Japanese
Style

豆腐百味

日本・豆腐料理

CHAPTER 2

梅漬豆腐凍佐蜜小番茄

日本的冷豆腐稱為「冷奴」，爽口消暑。
透過搭配不同的沾醬，如梅醬、山葵醬、咖哩醬……
可有千變萬化的不同口味。
冷奴除使用傳統的板豆腐、絹豆腐，
也可用寒天粉、果凍粉做成番茄冷奴、黑豆冷奴、艾草冷奴……，
做出彩虹般繽紛的各色豆腐。

材料

- 嫩豆腐 200 公克
- 小番茄 100 公克
- 醃梅 50 公克
- 果凍粉 15 公克
- 梅子醋 20 公克
- 紫蘇葉 50 公克

調味料

- 糖 80 公克
- 鹽 3 公克

做法

1 嫩豆腐洗淨，切 2×2×2 公分塊；小番茄洗淨，用小刀劃十字，以滾水汆燙 15 秒，冰鎮去皮；紫蘇葉洗淨，備用。

2 取一烤盤，將小番茄拌入 50 公克糖，放入烤箱，以 80 度烘烤 1 小時，即是蜜小番茄。

3 取一鍋，倒入 100 公克水，加入 30 公克糖、鹽、醃梅、果凍粉，開中火，煮至糖融化，再加入梅子醋，即可起鍋，靜置放涼。

4 豆腐塊挖洞，倒入梅汁和醃梅，放入冰箱冷藏 1 小時結凍，即是梅漬豆腐凍。

5 取一個盤子，放上梅漬豆腐凍、蜜小番茄，以紫蘇葉做裝飾即可。

美味小提醒

- 小番茄除用小刀劃十字，也可改用牙籤刺破果皮。冰鎮去皮的方法，為倒入冰水，讓小番茄冷卻，再用手剝除果皮。

- 冰鎮小番茄的冰水，可加放一些冰塊，以助去皮。

- 果凍粉也可用寒天粉、洋菜粉或吉利 T 代替，成分皆為植物性的凝凍劑，所以口感不會有太大差異，都具有軟脆的口感。

唐揚飛龍頭

《豆腐百珍》是日本第一本豆腐食譜，
收錄一百種各式各樣的豆腐，
如：釋迦豆腐、雷豆腐、骨董豆腐……，
「飛龍頭」即是其中一道經典豆腐，為寺院常見的豆腐料理。
現代的豆腐食譜，常將《豆腐百珍》做創意研發，
因此將飛龍頭做得小巧，提供現代新吃法。

材料

- 木棉豆腐1塊
- 小芋頭2顆
- 新鮮黑木耳1片
- 紅蘿蔔20公克
- 小黃瓜30公克
- 紫蘇葉20公克
- 白蘿蔔30公克

調味料

- 鹽10公克
- 白胡椒粉10公克
- 山椒粉10公克
- 昆布高湯20公克
- 薄鹽醬油10公克

做法

1 木棉豆腐洗淨，用重物將水分壓出，搗碎成泥；小芋頭洗淨去皮，磨成泥狀；新鮮黑木耳洗淨，切細絲；紅蘿蔔洗淨去皮，切細絲；小黃瓜洗淨去皮，切細絲；紫蘇葉洗淨，切細絲；白蘿蔔洗淨去皮，磨成泥狀，備用。

2 取一個碗，加入豆腐泥、芋頭泥，一起混合均勻，再加入黑木耳絲、紅蘿蔔絲、小黃瓜絲、紫蘇葉絲，以鹽與白胡椒粉調味，用手捏製豆腐泥成為球狀。

3 熱油鍋，以160度油溫，將豆腐球外皮炸至金黃，即可取出瀝油盛盤。

4 取一碟，加入白蘿蔔泥、昆布高湯、薄鹽醬油，即是沾醬。

5 豆腐球撒上山椒粉，即可沾醬食用。

美味小提醒

■ 飛龍頭的得名原因，是因油炸豆腐丸子裡的蔬菜絲，會因油炸而冒出豆腐表面，狀如龍鬚，讓豆腐丸子看起來像張牙舞爪的龍。蔬菜絲也可使用廚餘所剩的蔬菜食材，做成惜福豆腐。

■ 木棉豆腐要壓除水分，油炸時才不會油爆。

■ 山椒粉是用花椒研磨而成的粉，可幫助提味。

海苔鹹酥干絲

古代日本人與現代日本人的飲食習慣大不同，
從前不食辣味，至多只用七味唐辛子（七味辣椒粉），
現代日本年輕人已日漸習慣辣味料理，因此以干絲做為食材，
結合西式與日式調味，
做一創意突破。

材料
- 干絲300公克
- 新鮮巴西利3公克
- 海苔片10公克

調味料
- 七味辣椒粉3公克
- 紅椒粉3公克
- 鹽17公克
- 糖3公克
- 小茴香粉3公克
- 白胡椒粉5公克

做法

1　取一平底鍋，開小火，海苔片以乾鍋慢慢烤乾，即可取出，切細絲；新鮮巴西利洗淨，切碎，備用。

2　取一湯鍋，倒入1000公克水，加入7公克鹽，再加入干絲，煮5分鐘，即可撈起，瀝乾水分。

3　另取一炒鍋，以180度油溫，放入干絲油炸1分鐘，炸至呈金黃色，即可起鍋盛盤，拌入海苔絲，以10公克鹽、七味辣椒粉、紅椒粉、糖、小茴香粉、白胡椒粉調味，最後撒上巴西利碎即可。

美味小提醒

- 使用干絲是因可代替馬鈴薯，做出類似深受歡迎的日本卡辣姆久洋芋片風味的小點心。
- 干絲要瀝乾水分再油炸，以免油爆。
- 干絲要盡快食用，以免產生油耗味。
- 本書食譜如未特別建議使用新鮮西式香料，使用乾燥香料即可。西式香料巴西利、百里香……，如果買不到新鮮的，可用綜合義式香料代替。

芝麻豆腐

芝麻豆腐即胡麻豆腐，
以胡麻、吉野葛與泉水製成，口感滑嫩，香氣迷人，
為真言宗始祖空海大師所流傳的高野山豆腐料理。
芝麻豆腐不論是冷食或熱食，皆非常美味，
使用胡蘿蔔麵糊，是為讓黑色芝麻與橘色麵糊，
有現代感的新配色，讓美味的芝麻豆腐，更加賞心悅目。

材料
- 無糖豆漿400公克
- 黑芝麻醬90公克
- 中筋麵粉8公克
- 太白粉40公克

調味料
- 無酒精味醂15公克
- 鹽3公克

麵糊
- 中筋麵粉100公克
- 冰紅蘿蔔汁50公克
- 無鋁泡打粉2公克

做法

1. 取一鍋，加入豆漿、黑芝麻醬、中筋麵粉、太白粉、味醂、鹽，開大火煮滾，再轉小火，持續加熱，以打蛋器攪拌30分鐘。

2. 攪拌至所有材料呈現黏稠狀，待汁液變得平滑柔順，倒入鋪上耐熱保鮮膜的平盤冷卻，再放入冰箱冷藏，固定成型後，即是芝麻豆腐。

3. 從冰箱取出芝麻豆腐，切4公分長、3公分寬的長塊。

4. 取一個碗，加入中筋麵粉、冰紅蘿蔔汁、無鋁泡打粉，混合均勻，即是紅蘿蔔麵糊。

5. 將芝麻豆腐均勻沾裹紅蘿蔔麵糊。

6. 起油鍋，以160度油溫，將芝麻豆腐炸至表皮酥脆，即可起鍋盛盤。

美味小提醒

- 芝麻豆腐冰涼後，可直接食用，不一定要油炸。
- 芝麻豆腐使用黑芝麻或白芝麻皆可，但黑芝麻的香氣較為濃厚。

崩山豆腐佐味噌油醋汁

崩山豆腐因用手剝塊,狀如山崩裂石而得名,
不同於刀切豆腐,更能吃到自然口感。
豆腐與味噌都是黃豆製品,料理風味非常和諧,
崩山豆腐易吸附醬汁,吸滿味噌油醋汁香氣的豆腐,
連平時不愛食用沙拉的人,也很容易接受。

材料

- 板豆腐1塊
- 綠捲生菜30公克
- 牛番茄1顆
- 玉米筍2支
- 秋葵2支
- 櫻桃蘿蔔1顆
- 紅蘿蔔5公克

調味料

- 味噌油醋汁100公克

做法

1 板豆腐洗淨,剝塊狀;綠捲生菜洗淨;牛番茄洗淨,切片;玉米筍洗淨,以滾水燙熟,取出放涼;秋葵洗淨,以滾水燙熟,取出放涼;櫻桃蘿蔔洗淨,切片,以冰水浸泡;紅蘿蔔洗淨去皮,切絲,備用。

2 取一鍋,倒入適量水,加入板豆腐塊,開小火,蓋上鍋蓋,煮滾,即可取出。

3 取一個盤子,以綠捲生葉鋪底,放上板豆腐塊、牛番茄片、玉米筍、秋葵、櫻桃蘿蔔片、紅蘿蔔絲,淋上味噌油醋汁即可。

味噌油醋汁

DIY

材料

- 白味噌10公克 ● 無酒精味醂25公克
- 薄鹽醬油10公克 ● 糯米醋30公克 ● 黑麻油20公克 ● 芥末子醬5公克
- 糖5公克 ● 鹽2公克 ● 純橄欖油40公克

做法

1.取一個碗,加入全部調味料,混合均勻,即是味噌油醋汁。

美味小提醒

- 崩山豆腐的板豆腐選擇很重要,宜選用當日製作的手工豆腐。燜煮是為了打開豆腐的氣孔,以幫助吸附醬汁。

- 櫻桃蘿蔔要以冰水浸泡,口感才會爽脆。

- 特級冷壓橄欖油是指 Extra Virgin Olive Oil,顏色為青綠色,適用於沙拉涼拌;純橄欖油是指 Pure Olive Oil,顏色為黃綠色,可耐高溫,適用於煎煮炒炸。

炒麵麵包是日本新潮流的點心，現也流行於臺灣。
炒麵麵包的美味來自以炒麵為餡料的法式麵包，
可同時吃到外酥內軟的脆皮麵包與彈牙麵條，以及爽脆生菜和滑順醬汁。
本道料理改以干絲代替麵條，並使用豆漿麵包，
呈現健康與美味兼具的新食感！

材料

- 干絲500公克
- 高麗菜100公克
- 紅蘿蔔10公克
- 豆芽菜20公克
- 美生菜100公克
- 番茄100公克
- 薑5公克
- 香菜5公克
- 蔬菜高湯50公克

麵糰

- 高筋麵粉200公克
- 低筋麵粉100公克
- 無糖豆漿150公克
- 糖5公克
- 鹽2公克
- 乾酵母15公克
- 特級冷壓橄欖油20公克

調味料

- 純橄欖油10公克
- 冰糖10公克
- 醬油20公克

做法

1　取一鍋，倒入豆漿，開大火，煮滾；乾酵母放入50公克溫水中，備用。

2　取一個鋼盆，將高筋麵粉、低筋麵粉倒入盆內，加入熱豆漿，用一支筷子攪拌均勻成糰，即是燙麵麵糰。

3　麵糰加入糖、鹽、酵母水，用手攪拌約3至5分鐘，至麵糰光滑，再加入特級冷壓橄欖油，攪拌1分鐘即可。

4　將麵糰放入倒扣的鋼盆中，靜置1小時30分鐘。待麵糰發酵至約2倍大後，即可取出。

5　豆漿麵糰以60公克為一個單位做分割，揉橄欖型的長條狀，表面用噴水器噴水，放入烤箱，以165度烘烤30分鐘，即可取出放涼，剖開豆漿麵包中間。

6　干絲洗淨，以滾水汆燙；高麗菜洗淨，切絲；紅蘿蔔洗淨去皮，切絲；豆芽菜洗淨；美生菜洗淨；番茄洗淨，切片；薑洗淨去皮，切絲；香菜洗淨，取葉。

7　取一鍋，倒入純橄欖油，炒香薑絲，放入紅蘿蔔絲、豆芽菜、干絲、高麗菜絲一同拌炒2分鐘，待炒軟後，加入冰糖、醬油、蔬菜高湯，待收汁至醬汁變濃稠，即可起鍋，完成餡料。

8　取1個烤好的豆漿麵包，中間先夾入美生菜、番茄片，再填入餡料，以香菜葉做裝飾，即可食用。

美味小提醒

■ 用干絲來製作炒麵麵包，是一種新鮮吃法，炒料也可以更換為自己喜愛的其他配料。生菜的種類很多，美生菜可改換自己喜愛的生菜做搭配。

鍋物是日本料理的特色，重視使用當季的新鮮食材，
烹調出食物的天然原味，不做過於複雜的重口味調味。
豆漿雪鍋以豆漿及昆布高湯為湯底，
能品嘗到天然食材的鮮美好滋味。

材料

- 無糖豆漿 500 公克
- 腐皮 50 公克
- 南瓜 100 公克
- 新鮮香菇 3 朵（80 公克）
- 大白菜 100 公克
- 紅蘿蔔 100 公克
- 杏鮑菇 100 公克
- 菠菜 120 公克
- 白蘿蔔泥 1000 公克
- 昆布高湯 1000 公克
- 香菜 5 公克

調味料

- 鹽 7 公克
- 無酒精味醂 50 公克

做法

1 腐皮洗淨，泡軟，切絲；南瓜洗淨，切成三角狀；紅蘿蔔洗淨去皮，切條；杏鮑菇洗淨，切 1 公分厚片，用烤盤在瓦斯爐上烤出網格；新鮮香菇洗淨，用刀刻十字花；菠菜洗淨，切段，以加鹽滾水燙熟；大白菜洗淨，剝片，以加鹽滾水燙熟；香菜洗淨，切段，備用。

2 桌上鋪上保鮮膜，放上大白菜片、菠菜段，捲起，切段，抽除保鮮膜。

3 取一個小燉鍋，倒入白蘿蔔泥、昆布高湯、豆漿，以中火慢慢燉煮，待湯面略滾後，以鹽、味醂調味，加入大白菜菜捲、南瓜塊、香菇、腐皮絲、紅蘿蔔條、烤杏鮑菇片，繼續煮 5 分鐘，撒上香菜段，即可起鍋。

昆布高湯 DIY

材料

- 昆布 25 公克　• 乾香菇 10 公克　• 高麗菜 200 公克　• 蘋果 200 公克
- 紅蘿蔔 200 公克　• 白蘿蔔 200 公克

做法

1. 昆布以乾布略微擦拭；乾香菇泡軟；高麗菜洗淨，切大塊；紅蘿蔔、白蘿蔔洗淨去皮，切大塊；蘋果洗淨去皮，切大塊，備用。
2. 取一高湯鍋，倒入冷水 2500 公克，加入昆布以外的全部材料，以大火煮滾。
3. 滾沸後，改以小火，加入昆布，煮 30 分鐘，期間要將表面的浮渣撈除。
4. 關火後，濾除所有材料，2000 公克的高湯即完成。

美味小提醒

- 白蘿蔔泥可用磨薑板磨，或用果汁機打碎也可以。
- 因為豆漿有著很高量的大豆蛋白，所以加熱的時候要一直不斷攪拌，不然容易沾鍋，會影響口感與香氣。
- 昆布高湯可以只使用昆布加水熬煮，為讓高湯滋味更豐富，所以增加一些食材，讓它可以類似蔬菜高湯，更普遍使用於料理中。
- 食用時，可撒上七味辣椒粉調味。

和風咖哩
果香豆腐

咖哩料理自從在明治維新時傳入日本，
便成為深受日本人喜愛的料理，
加入果泥，調製為香甜的新風味咖哩。
豆腐的種類繁多，可嘗試使用不同的豆腐，
烹調獨家創意的豆腐咖哩料理。

材料

- 腐皮1片（50公克）
- 豆皮捲2條（80公克）
- 昆布高湯420公克
- 西洋芹50公克
- 蘋果100公克
- 鳳梨20公克
- 香菜10公克
- 月桂葉1片
- 棉線1條

調味料

- 純橄欖油60公克
- 特級冷壓橄欖油5公克
- 咖哩粉10公克
- 糖30公克
- 鹽5公克
- 白胡椒粉5公克

做法

1. 腐皮洗淨；豆皮捲洗淨，取1條切小丁，另一條用腐皮包捲豆皮捲，以棉線綁緊；西洋芹洗淨，切小丁；蘋果洗淨去皮，切小丁；鳳梨洗淨去皮，切小丁；香菜洗淨，切段，備用。

2. 取一鍋，倒入30公克純橄欖油，開小火，加入咖哩粉炒香，再加入西洋芹丁、蘋果丁一起拌炒，以糖調味，倒入200公克昆布高湯，煮滾後，放入1條捲好的豆皮捲，轉小火，熬煮1小時，即是和風果香咖哩醬。

3. 和風果香咖哩醬熄火後，撈出豆皮捲，拆除棉線，切片。

4. 另取一鍋，加入30公克純橄欖油，開中火，依序加入月桂葉、豆皮捲炒香，轉大火，再倒入220公克昆布高湯一同拌炒5分鐘，待湯汁收乾，加入300公克和風果香咖哩醬，待湯汁再度收乾，拌入鳳梨丁，以鹽、白胡椒粉調味，即可起鍋盛盤。

5. 放上豆皮捲片，撒上香菜段做裝飾，淋上特級冷壓橄欖油，即可食用。

美味小提醒

- 炒咖哩粉時，火力不要太強，以免炒焦變苦，也可先把鍋燒熱，再離火拌炒，比較不易炒焦。

- 蘋果可改換木瓜或香蕉等適合熱食的水果，會有不一樣的風味。

豆腐可樂餅

可樂餅是與咖哩飯齊名的日本洋食代表，
每個日本家庭都有自己的不同創意變化。
豆腐可樂餅除添加豆腐餡料增加鬆軟口感，
麵糊也以豆漿調製，增加豆香，並淋上芡汁，
讓酥脆的麵衣，有豐富的口感層次表現。

材料

- 木棉豆腐200公克
- 馬鈴薯150公克
- 秋葵1支
- 吐司2片
- 海苔粉30公克
- 白蘿蔔50公克
- 龍鬚菜2公克
- 紅椒5公克
- 黃椒5公克

麵糊

- 低筋麵粉30公克
- 無糖豆漿30公克

勾芡水

- 太白粉10公克
- 水20公克

調味料

- 鹽5公克
- 白胡椒粉3公克
- 昆布高湯80公克
- 薄鹽醬油10公克
- 香油2公克

做法

1 木棉豆腐洗淨；馬鈴薯洗淨，不必去皮；秋葵洗淨，以滾水煮熟，切片；吐司切小丁；白蘿蔔洗淨去皮，切絲；龍鬚菜洗淨，切段；紅椒、黃椒洗淨去子，切絲，備用。

2 取一鍋，倒入適量水，加入馬鈴薯煮40分鐘，即可取出切塊。

3 取一個碗，加入馬鈴薯塊、木棉豆腐，一起搗成泥狀，以鹽、白胡椒粉調味，再加入秋葵片，整型成圓餅狀。

4 吐司丁撒上海苔粉，拌勻，即是海苔麵包丁。

5 取一個碗，加入低筋麵粉、豆漿，混合成麵糊。

6 馬鈴薯豆腐餅均勻沾裹麵糊，再沾上海苔麵包丁，靜置3分鐘。

7 熱油鍋，以160度油溫，將豆腐可樂餅炸至金黃色，即可取出瀝油盛盤。

8 另取一鍋，倒入昆布高湯，加入龍鬚菜段、紅椒絲、黃椒絲，燙熟即可取出。將鍋內的昆布高湯，加入薄鹽醬油、香油，以勾芡水勾芡，即是芡汁。

9 豆腐可樂餅淋上芡汁，以白蘿蔔絲、龍鬚菜段、紅椒絲、黃椒絲做裝飾，即可食用。

美味小提醒

■ 海苔麵包丁除口感酥脆，並容易吸附芡汁，風味絕佳。

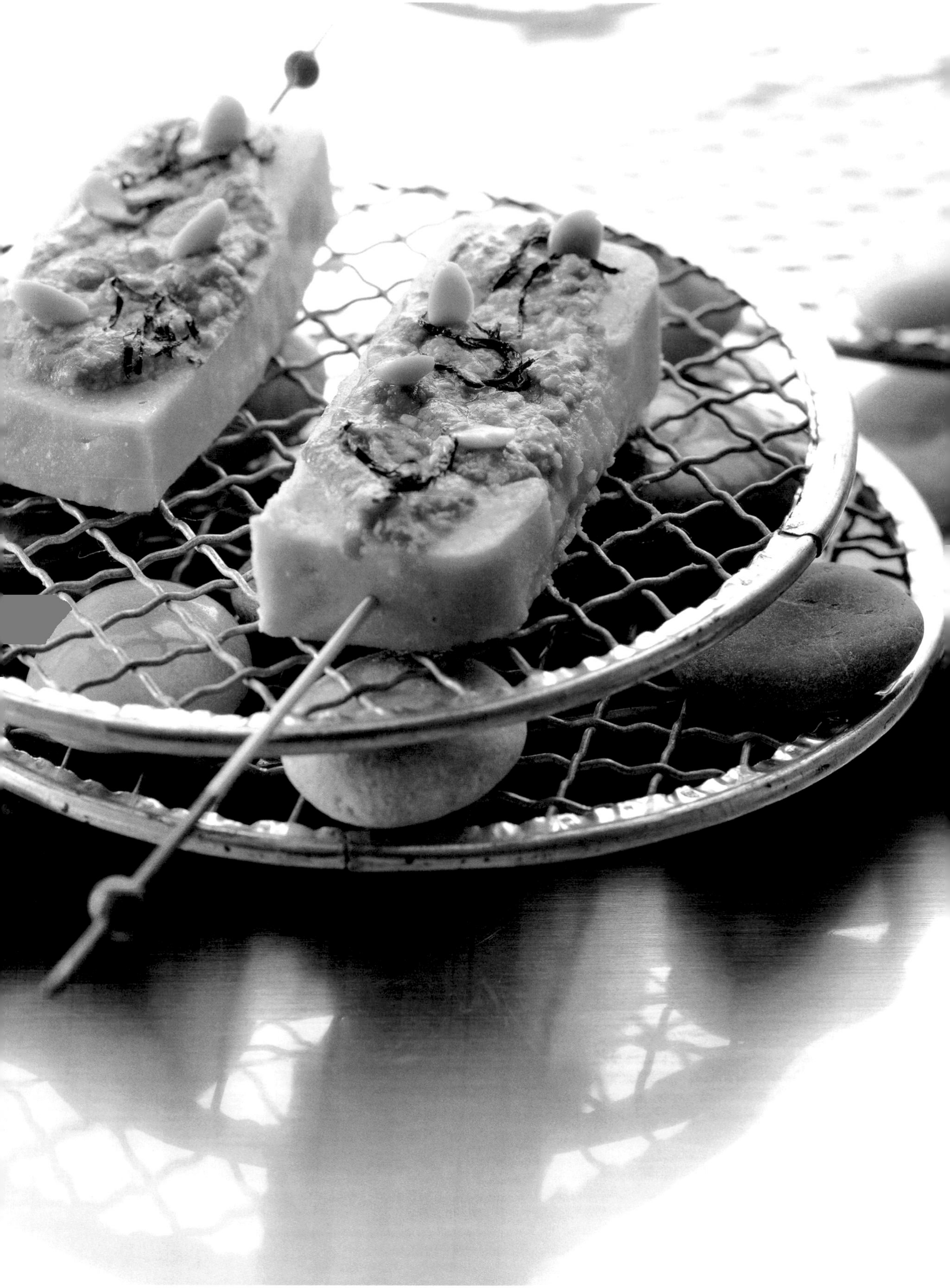

田樂燒毛豆豆腐

世界各國都有自己的特色燒烤料理，
田樂燒的美味特色即在於味噌燒烤醬的香甜風味。
自從豆腐田樂燒風行日本後，不論燒烤的食材如何變換，
與味噌一樣是用黃豆製成的豆腐，吃起來就是特別順口，
因此特別在燒烤醬裡也添加板豆腐，加強豆香。

材料
- 毛豆200公克
- 絹豆腐1塊
- 太白粉60公克
- 海苔絲3公克

調味料
- 田樂燒烤醬100公克

做法

1　毛豆洗淨；絹豆腐洗淨，備用。

2　取一鍋，倒入適量水，加入毛豆，開小火，毛豆煮熟即可起鍋，剝除厚皮。

3　取一個碗，加入毛豆、絹豆腐、太白粉，倒入果汁機一起攪打成毛豆豆腐泥。

4　取一個烤盤，倒入毛豆豆腐泥，放入蒸鍋，開大火，蒸20分鐘，即可取出冷卻。

5　將田樂燒烤醬塗抹在毛豆豆腐上，放入烤箱，用180度將表面烤上色，即可取出盛盤。

6　以少許毛豆、海苔絲做裝飾，即可食用。

田樂燒烤醬　DIY

材料
- 板豆腐30公克　● 紅味噌30公克　● 甜麵醬20公克
- 無酒精味醂10公克　● 紅糖10公克　● 海苔粉10公克

做法

1. 板豆腐洗淨，切碎，備用。
2. 取一個碗，加入全部材料，攪拌均勻即可。

美味小提醒

- 烤盤可用純橄欖油抹盤，除可避免豆腐沾黏，也能增加香氣。
- 如喜歡較為細緻的口感，可將毛豆豆腐泥用篩網過篩，做出口感滑嫩的毛豆豆腐。如不過篩，可吃出帶顆粒感的毛豆，更具毛豆的原味特色。
- 毛豆豆腐泥也可以加入幾粒煮熟的毛豆，增加口感。

海帶芽腐汁泡飯

茶泡飯是日本常見的料理，方便實用。
這道風味清爽的泡飯，
主要為希望能品嘗到食材的天然原味。
濃稠的山藥泥、清香的腐竹湯汁，
搭配色彩豐富的食材，
讓人有如在日式庭園裡散步般愉快惬意。

材料
- 白米80公克
- 腐竹30公克
- 嫩豆腐30公克
- 海帶芽3公克
- 綠豆芽10公克
- 沙拉筍10公克
- 紅椒10公克
- 黃椒10公克
- 日本山藥30公克
- 銀杏2公克
- 山蘿蔔葉2公克

調味料
- 昆布高湯300公克
- 薄鹽醬油30公克
- 海苔粉10公克
- 黑芝麻5公克
- 海鹽5公克

做法

1 白米洗淨，以水浸泡30分鐘，加入80公克昆布高湯，放入電鍋煮熟；腐竹洗淨，放入果汁機，加入水攪打；海帶芽泡開；沙拉筍切細絲；紅椒、黃椒洗淨去子，切細絲；嫩豆腐洗淨，切細絲；綠豆芽洗淨摘除頭尾；日本山藥洗淨去皮，磨成泥狀；銀杏洗淨；山蘿蔔葉洗淨，備用。

2 取一鍋，倒入220公克昆布高湯，加入腐竹，開大火，煮至腐竹軟化，以薄鹽醬油與海鹽調味，即是腐竹湯。

3 取一鍋，倒入適量水，加入沙拉筍絲、紅椒絲、黃椒絲、嫩豆腐絲、綠豆芽、筍絲、銀杏、海帶芽，開大火，燙熟，即可取出。

4 白飯加入海苔粉與黑芝麻，一起拌勻，以海鹽調味，即可盛碗。

5 淋上日本山藥泥，放上筍絲、紅椒絲、黃椒絲、嫩豆腐絲、綠豆芽、銀杏、海帶芽，淋上腐竹湯，以山蘿蔔葉做裝飾即可。

美味小提醒

- 如喜愛清爽的風味，可不加薄鹽醬油，直接品嘗原味，腐竹具有特別的豆香味。

綜合豆腐壽司

壽司的做法種類繁多，但萬變不離其宗，都要從準備好壽司飯與新鮮食材做起。
有些人一心只想學特殊料理技巧，反而忽略了最重要的基本功。
使用常見的豆腐家常食材，讓大家可以在家輕鬆製作壽司。

壽司捲材料
- 壽司飯300公克
- 昆布高湯200公克
- 腐皮1張
- 壽司海苔2張
- 凍豆腐200公克
- 海苔粉30公克
- 四季豆2支
- 新鮮香菇3朵
- 紅蘿蔔100公克
- 豆棗條50公克
- 壽司竹簾1張

鐵火捲材料
- 壽司米70公克
- 豆棗絲30公克
- 壽司海苔1張
- 壽司竹簾1張

握壽司材料
- 壽司米200公克
- 油豆皮2張
- 昆布高湯200公克
- 醬油80公克
- 無酒精味醂40公克
- 糖40公克
- 壽司海苔1張

豆皮壽司材料
- 壽司米70公克
- 豆皮1個
- 黑芝麻3公克
- 海苔粉3公克

調味料
- 醃薑適量
- 七味辣椒粉適量

做法

1. 四季豆洗淨，切段；新鮮香菇洗淨，切片；紅蘿蔔洗淨去皮，切條；腐皮泡軟，切段；凍豆腐洗淨，切條；備用。
2. 取一鍋，倒入昆布高湯，開大火煮滾，加入四季豆段、香菇片、紅蘿蔔條、腐皮段、凍豆腐條，煮至熟，即可起鍋，靜置放涼。
3. 壽司竹簾攤平，放上壽司海苔，鋪上壽司飯約1公分厚，捲入腐皮段、四季豆段、香菇片、紅蘿蔔條、凍豆腐條、豆棗條壓實，捲好後切8塊，即是壽司捲。
4. 壽司竹簾攤平，放上壽司海苔，鋪上壽司飯約0.5公分厚，捲入豆棗絲壓實，捲好後切8塊，即是鐵火捲。
5. 取一鍋，倒入昆布高湯，加入油豆皮、醬油、味醂、糖，開小火，慢慢敖煮20分鐘至入味，即可起鍋，靜置放涼。
6. 油豆皮切3公分寬、5公分長；壽司海苔切1公分寬、10公分長的長條。取35公克壽司飯，握成圓型，先放上油豆皮，再用海苔條捲起，即可完成8個握壽司。
7. 豆皮對剖，每塊豆皮填入35公克的壽司飯，以海苔粉做裝飾，即是豆皮壽司。
8. 取一個盤子，排入壽司捲、鐵火捲、豆皮壽司、握壽司，搭配醃薑、七味辣椒粉，即可食用。

壽司飯   DIY
材料
- 蓬萊米600公克　● 昆布1片　● 糖150公克
- 糯米醋150公克　● 鹽3公克
做法
1. 米洗淨，以水浸泡30分鐘；昆布以乾布略微擦拭，備用。
2. 米加入600公克水、昆布，放入電鍋煮熟。
3. 取一鍋，加入糖、糯米醋、鹽，開小火加熱，煮至糖融化，即可起鍋盛碗，放冷，即是糖醋汁。
4. 煮好的飯均勻拌入糖醋汁，邊拌入邊散熱，靜置放涼。

醃薑
材料
- 嫩薑100公克　● 糖50公克　● 鹽10公克　● 糯米醋50公克
做法
1. 嫩薑洗淨切片，以鹽略抓出水，靜置30分鐘，加入糖、糯米醋，放入冰箱，醃漬1天即可。

美味小提醒

- 在拌醋飯時，建議使用木匙，以避免破壞飯粒外表，影響口感。
- 豆棗絲也可以改用牛蒡絲。豆棗本是常見的早餐稀飯配菜，因使用糖蜜製，所以味道香甜。豆棗有粗條、細絲兩種，細的豆棗絲又稱為紅豆絲，顏色鮮紅。豆棗除可當零食食用，也可搭配高麗菜做熱炒，增加料理風味。

中國煲仔飯、韓國石鍋飯、日本釜燒飯都是有名的鍋飯，
能讓人暖冬裡感到溫暖，恢復活力。
很多人從日本旅遊回來後，特別難忘釜燒飯的濃郁飯香，
其實可以自己在家用電子鍋，
做出飯粒吸滿菜香、有鍋巴的釜燒飯。
不論做的哪一種風味鍋飯，豆腐都是百搭的美味食材。

材料

- 白米90公克
- 油豆腐2塊
- 豆輪4顆
- 麵筋球15顆
- 新鮮香菇2朵
- 金針菇30公克
- 美白菇30公克
- 薑5公克
- 大豆苗30公克
- 豆腐乳1塊
- 昆布高湯220公克

調味料

- 香油30公克
- 薄鹽醬油30公克
- 無酒精味醂30公克
- 海鹽10公克

做法

1 白米洗淨，以水浸泡30分鐘；油豆腐洗淨，切小丁；豆輪以熱水泡軟，切小丁；麵筋球洗淨，切小丁；新鮮香菇洗淨，切小丁；金針菇洗淨，切小丁；美白菇洗淨，切小丁；薑洗淨，切片；大豆苗洗淨，切小段，備用。

2 取一煮飯內鍋，倒入昆布高湯，加入豆腐乳攪拌均勻，再加入香油、薄鹽醬油、味醂、海鹽，放入白米，浸泡20分鐘。

3 加入油豆腐丁、豆輪丁、麵筋球丁、香菇丁、金針菇丁、美白菇丁、薑片、大豆苗段，混合均勻，將煮飯內鍋放入電子鍋內，煮熟即可趁熱食用。

美味小提醒

■ 釜燒豆腐飯除使用電子鍋，如家中有小釜鍋，也可直接在瓦斯爐上煮，兩種鍋具都可一次品味到三種不同口感的豆腐飯：上層是濕潤口感，中間是飽滿收汁乾飯，底層是焦香鍋巴。食用時，先吃最上層的飯，然後再蓋好鍋蓋，讓飯略悶片刻收汁，就可再打開鍋蓋，繼續享用美味了。

通常豆腐烏龍麵都是用豆腐搭配烏龍麵，
特別設計將豆腐直接揉入全麥麵粉，做出有嚼勁的豆腐烏龍麵。
搭配著煙燻百頁豆腐食用，烏龍麵會愈嚼愈香。

材料

- 嫩豆腐1塊
- 全麥麵粉300公克
- 無糖熱豆漿50公克
- 百頁豆腐100公克
- 鴻禧菇30公克
- 青江菜1棵
- 玉米粒15公克
- 鋁箔紙1張

調味料

- 鹽3公克
- 海鹽10公克
- 昆布高湯350公克

燻料

- 中筋麵粉30公克
- 糖粉50公克
- 阿薩姆紅茶20公克
- 八角1顆

做法

1 嫩豆腐洗淨；百頁豆腐洗淨；鴻禧菇洗淨；青江菜洗淨；玉米粒洗淨，備用。

2 嫩豆腐用果汁機打碎，取出放入鋼盆，加入全麥麵粉、熱豆漿、鹽，搓揉成糰。

3 麵糰用擀麵棍用力壓製，靜置15分鐘，再次壓製麵糰，靜置30分鐘，再將麵團擀製成片，切0.3公分寬細條。

4 取一炒鍋，鍋底鋪上鋁箔紙，放上中筋麵粉、糖粉、阿薩姆紅茶、八角等全部燻料，將百頁豆腐放上蒸架，開小火，燒製燻料，待煙冒出後，蓋上鍋蓋，繼續以小火煙燻10分鐘，即可取出百頁豆腐，靜置放涼。百頁豆腐放涼後，切片。

5 另取一鍋，倒入昆布高湯，以海鹽調味，開大火煮滾，加入鴻禧菇、青江菜、玉米粒，即是麵湯湯底。

6 再另取一鍋，倒入適量水，開大火煮滾，加入豆腐烏龍麵，煮至麵熟，即可起鍋盛碗。

7 豆腐烏龍麵淋上麵湯湯底，放上煙燻百頁豆腐片即可。

美味小提醒

- 豆腐烏龍麵的特色在於麵條有嚼勁，但如果仍然喜歡口感比較滑軟的麵條，可在製作麵糰時，增加熱豆漿的用量，熱豆漿愈多，麵條愈柔軟。

- 百頁豆腐也可以改用其他不同種類的豆腐，如豆干、凍豆腐皆可，重點在於要將豆腐表面水分擦乾。

時蔬白玉子

有些人以為小巧雅緻的和菓子，很難自己在家製作，
其實只要讓心慢下來，享受準備食材與製作的樂趣，
製作和菓子可以讓自己的心，也變得美麗起來。

材料
- 嫩豆腐150公克
- 糯米粉150公克
- 菠菜汁20公克
- 南瓜10公克

南瓜糯米豆腐糰餡料
- 水蓮50公克
- 乾香菇1朵

豆薯糯米豆腐糰餡料
- 豆薯30公克
- 香菜5公克
- 豆豉2公克

菠菜糯米豆腐糰餡料
- 南瓜30公克
- 菠菜20公克

調味料
- 鹽10公克
- 白胡椒粉6公克
- 糖2公克
- 香油30公克

做法

1. 南瓜洗淨去皮，切片，蒸熟，預留做裝飾的南瓜片，其餘趁熱壓成泥狀；水蓮洗淨，預留做裝飾的切小段，其餘切丁；乾香菇泡開，擠乾水分，預留做裝飾的香菇切薄片，其餘切丁；豆薯洗淨，切絲；香菜洗淨，切丁；菠菜以滾水汆燙，預留做裝飾的葉片，其餘切末，備用。

2. 取一鋼盆，加入糯米粉、嫩豆腐，用手充分揉攪均勻成糰，取100公克放入滾水，燙熟即可撈出，放回原糯米豆腐糰裡揉和均勻。

3. 取1/3的糯米豆腐糰，加入菠菜汁，混合成菠菜糯米糰，另取1/3的糯米豆腐糰加入南瓜泥，混合成南瓜糯米豆腐糰，分別將三色糯米糰，捏成3公分小球狀。

4. 取一鍋，倒入15公克香油，加入水蓮丁、香菇丁炒香，以5公克鹽、3公克白胡椒粉調味，即是南瓜糯米豆腐糰餡料。

5. 重新熱鍋，倒入15公克香油，加入豆薯絲、香菜丁、豆豉炒香，以糖調味，即是豆薯糯米豆腐糰餡料。

6. 南瓜泥、菠菜末一起混合均勻，以5公克鹽、3公克白胡椒粉調味，即是菠菜糯米豆腐糰餡料。

7. 將三色豆腐糯米糰擀成圓片，直徑約3公分，分別包入三種餡料，做成柿子狀。

8. 將三色豆腐糯米包，放入蒸鍋，開大火，蒸8分鐘，即可起鍋盛盤。

9. 豆薯糯米豆腐糰以一小片南瓜做裝飾，菠菜糯米豆腐糰以一小片香菇與水蓮段做裝飾，南瓜糯米豆腐糰以一粒豆豉與一片菠菜葉做裝飾，即可食用。

美味小提醒

- 包餡時，要擠乾餡料的水分，以避免餡料出水，不易包製。
- 三色豆腐糯米糰圓片，外皮要薄，但底部要略厚一點，才容易包製。
- 蒸盤可抹上香油，以避免豆腐糰沾黏盤底。每個豆腐糰在蒸盤上，要間隔約2公分，避免相互沾黏。

Western
Style

豆腐百味

歐美 ▲ 豆腐料理

CHAPTER 3

豆酪卡布列

豆酪是用豆漿做的乳酪,為一種口袋型的豆腐球,
用途類似優格,可拌入義大利麵食用,
風味非常清爽可口。

▼△▼△▼△▼△▼△▼△▼△▼△▼△▼△▼△▼△▼△▼△▼

材料

- 無糖豆漿 1000 公克
- 檸檬汁 100 公克
- 蘆筍 30 公克
- 美生菜 50 公克
- 蘿蔓生菜 10 公克
- 綠捲生菜 10 公克
- 牛番茄 150 公克
- 百頁豆腐脆片 15 公克
- 新鮮九層塔 100 公克
- 烤熟松子 30 公克

調味料

- 純橄欖油 100 公克
- 糖 65 公克
- 鹽 18 公克
- 義式陳年醋 50 公克

做法

1 取一鍋,倒入豆漿、檸檬汁、50 公克糖、5 公克鹽,開小火,煮至 80 度左右,湯面略滾,即可起鍋,靜置放涼。待豆漿凝結成小塊,以紗布過濾,擠乾成球狀,切 1 公分厚片,放入冰箱冷藏 30 分鐘,即為豆酪片。

2 蘆筍洗淨,用削皮刀削長條狀,浸泡冰水;美生菜、蘿蔓生菜、綠捲生菜洗淨,切段,浸泡冰水;牛番茄洗淨,切厚片,浸泡冰水;百頁豆腐脆片壓碎;新鮮九層塔洗淨,預留少許做裝飾用,其他切碎;松子預留少許做裝飾用,其他切碎。

3 取一個碗,加入 20 公克純橄欖油、5 公克糖、3 公克鹽、義式陳年醋調味,攪拌均勻,即是義式油醋醬。

4 另取一個碗,加入九層塔碎、松子碎,以 80 公克純橄欖油、10 公克糖、10 公克鹽調味,用果汁機攪打成青醬。

5 取一個盤子,先將美生菜、蘿蔓生菜、綠捲生菜鋪於盤底,再將豆酪片、牛番茄片、蘆筍條以堆疊方式擺盤。

6 淋上義式油醋醬與青醬,撒上百頁豆腐脆片碎,以九層塔、松子做裝飾,即可食用。

▼△▼△▼△▼△▼△▼△▼△▼

美味小提醒

▶ 生菜以冰水浸泡,可帶走植物鹼,讓菜不因植物鹼而帶有苦味,變得甘甜。浸泡時間約 20 分鐘,即可瀝乾水分。

▶ 歐美豆腐料理使用的果醋,建議採用巴沙米可醋(Balsamico),它是一種義式陳年葡萄醋,可增加料理美味。如果沒有巴沙米可醋,可改用其他水果醋。

▶ 製作百頁豆腐脆片時,不需淋上純橄欖油,因它質地比板豆腐柔軟,含水量高,微波時會振動水分子而變得蓬鬆。

▶ 烘焙紙是一種油紙,可在烘培材料店選購,常使用於焙烤。烘焙紙除可耐高溫,並可防油、防水,防止食物沾黏難脫模。

DIY

百頁豆腐脆片

材料

- 百頁豆腐 15 公克
- 烘焙紙 1 張

做法

1. 百頁豆腐洗淨,切 0.5 公分厚片,備用。

2. 取一個可用於微波的盤子,鋪上烘焙紙,放上百頁豆腐片,用紙巾吸乾豆腐表面水分,放入微波爐,以中火加熱 20 秒,共 3 次,即是百頁豆腐脆片。

西式的凍派料理，是重要的開胃前菜。
使用多種豆腐與豐富蔬果所做的豆腐凍派，
可同時吃到軟滑與爽脆的不同口感，色彩繽紛，清涼爽口。

材料

- 油豆腐30公克
- 嫩豆腐30公克
- 百頁豆腐30公克
- 白花椰菜30公克
- 紅蘿蔔30公克
- 四季豆30公克
- 玉米筍30公克
- 新鮮香菇10公克
- 香菇高湯500公克
- 寒天4公克

調味料

- 鹽4公克

做法

1 油豆腐、嫩豆腐、百頁豆腐洗淨，切1立方公分丁，以滾水汆燙；白花椰菜洗淨，切1立方公分丁；紅蘿蔔洗淨去皮，切1立方公分丁；四季豆洗淨摘除頭尾，切1立方公分丁；玉米筍洗淨，切1立方公分丁；新鮮香菇洗淨，切1立方公分丁，備用。

2 取一鍋，倒入香菇高湯，開大火煮滾，將白花椰菜丁、紅蘿蔔丁、四季豆丁、玉米筍丁、香菇丁煮熟，即可取出蔬菜丁，以鹽調味，再加入寒天，煮至溶解，用細目的濾網過濾湯汁，放涼。

3 取一個模子，倒入高度約0.5公分的香菇高湯，放入冰箱冷藏，待凝固後，再將全部豆腐丁、蔬菜丁混入，一同倒入模型中，放入冰箱冷藏，冰冷後，即可取出切片。

4 食用豆腐凍派時，搭配法式油醋生菜沙拉一起享用。

香菇高湯   DIY

材料

- 新鮮香菇1000公克 ● 西洋芹100公克 ● 紅蘿蔔100公克
- 百里香2公克 ● 月桂葉2片 ● 迷迭香2公克 ● 丁香1顆 ● 黑胡椒粒3公克

做法

1. 新鮮香菇洗淨；西洋芹洗淨，切大塊；紅蘿蔔洗淨去皮，切大塊，備用。
2. 取一高湯鍋，倒入冷水3000公克，加入全部材料，以大火煮滾。
3. 滾沸後，改以小火，煮1小時，期間要將表面的浮渣撈除。
4. 關火後，濾除所有材料，2000公克的高湯即完成。

法式油醋生菜沙拉

材料

- 蘿蔓生菜10公克 ● 綠捲生菜10公克 ● 紅捲生菜10公克 ● 紫萵苣10公克
- 小豆苗5公克 ● 櫻桃蘿蔔1公克 ● 果醋30公克 ● 純橄欖油60公克
- 糖5公克 ● 鹽3公克 ● 百里香1公克 ● 法式芥末醬5公克

做法

1. 蘿蔓生菜、綠捲生菜、紅捲生菜、紫萵苣洗淨，用手撕小片，櫻桃蘿蔔洗淨切片，一起用冰水浸泡1小時，加入洗淨的小豆苗，瀝乾水分，放入冰箱冷藏，備用。
2. 取一鋼盆，加入果醋、純橄欖油、糖、鹽、百里香、法式芥末醬，用打蛋器打至乳化，即是法式油醋醬。
3. 取出冷藏的生菜，瀝乾水分，擺盤，佐以法式油醋醬，即是法式油醋生菜沙拉。

美味小提醒

▶ 煮高湯時，湯汁勿久滾至變得渾濁，豆腐凍成品看起來會比較清澈美觀。

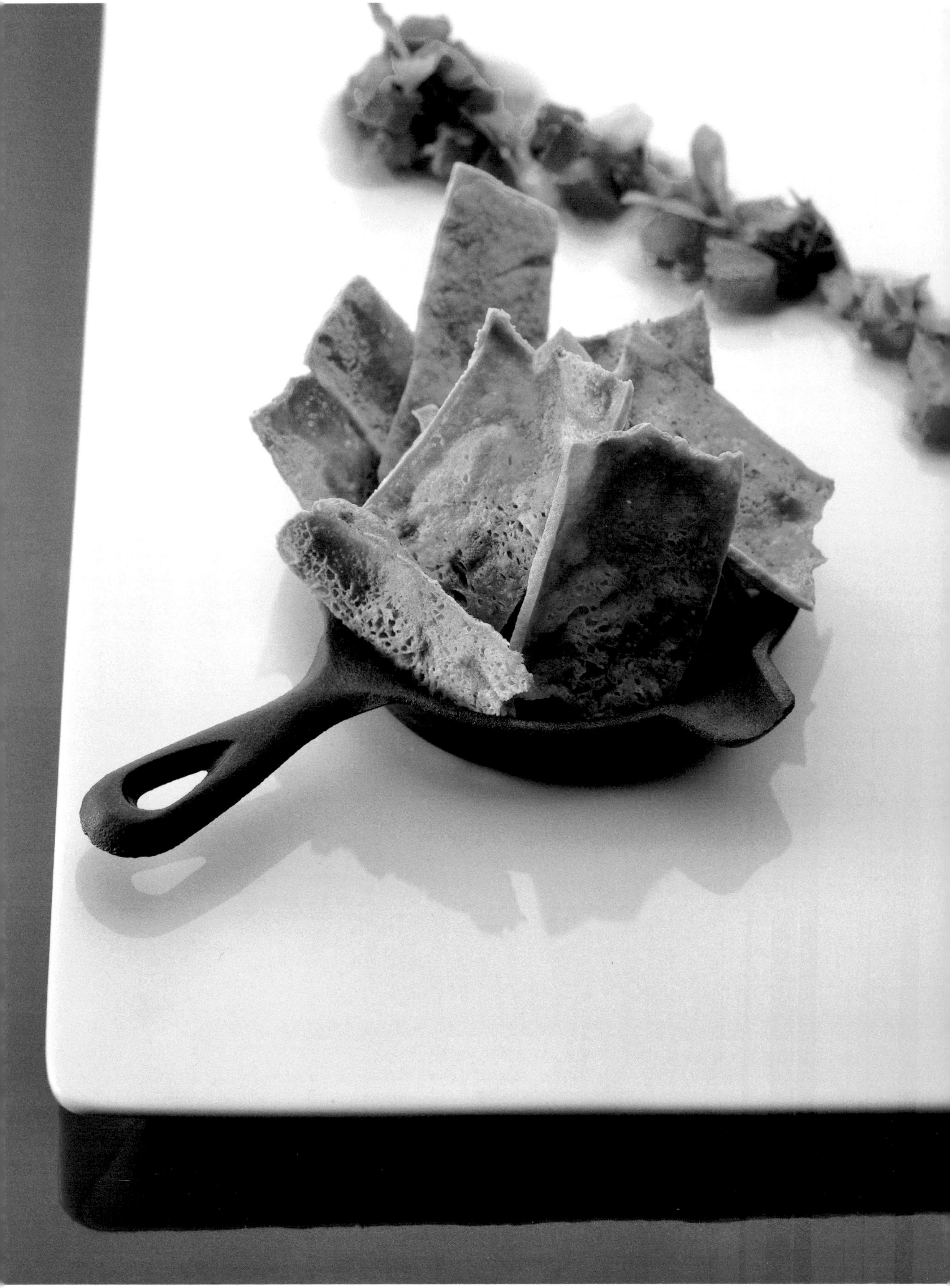

豆腐自傳入西方後，快速成為受歡迎的健康美食。
並與各國當地的美食做結合。
墨西哥香料玉米脆片改用豆腐製作，一樣美味，
酥脆的咬勁，搭配番茄莎莎醬，讓人一吃難忘。
難怪豆腐脆片能成為風行世界的點心！

▼▲▼▲▼▲▼▲▼▲▼▲▼▲▼▲▼▲▼▲▼▲▼▲▼▲▼▲▼

材料

- 板豆腐 200 公克
- 烘焙紙 1 張

調味料

- 小茴香粉 5 公克
- 鹽 10 公克
- 番茄莎莎醬 200 公克
- 純橄欖油 40 公克

做法

1 板豆腐洗淨，用紙巾吸乾水分，切 0.3 公分厚片，備用。

2 取一個可以微波的盤子，鋪上烘焙紙，放上板豆腐片，用紙巾吸乾板豆腐表面水分，撒上小茴香粉、鹽後，每片淋上 2 公克純橄欖油，放入微波爐，以中火加熱 20 秒，共 3 次，即是豆腐脆片，約可製作 20 至 30 片。

3 食用時，可沾食番茄莎莎醬，或將醬汁直接淋在豆腐脆片上。

番茄莎莎醬

DIY

材料

- 番茄 100 公克 ● 辣椒 5 公克 ● 西洋芹 30 公克 ● 新鮮巴西利 5 公克
- 檸檬 1 顆（40 公克）● 鹽 3 公克 ● 純橄欖油 30 公克

做法

1. 番茄洗淨去子，切小丁；辣椒洗淨，切碎；西洋芹洗淨取葉，切碎；新鮮巴西利洗淨取葉，切碎；檸檬洗淨，用刨絲器取皮的絲，檸檬絲先切碎，再將檸檬對剖，擠汁，備用。

2. 取一個碗，加入純橄欖油、番茄丁、辣椒碎、西洋芹碎、巴西利碎、檸檬汁、檸檬皮碎，攪拌均勻即可。

▼▲▼▲▼▲▼▲▼▲▼▲▼

美味小提醒

▶ 製作番茄莎莎醬時，嗜辣者可以添加一點辣椒水 (Tabasco)，增強辣味。

▶ 豆腐脆片不使用油炸方式，是因為豆腐質地軟嫩，在油鍋內易變形，難保持平整片狀。可改用不沾鍋，開小火煎 5 分鐘，或是放入烤箱以 80 度焙烤，但因焙烤時間需長達 2 小時，所以使用微波爐較為快速方便。

煎豆腐佐檸檬香草綠醬

這道煎豆腐原是澳洲料理做法，
現已風行於歐美，成為家常料理。
歐美人喜歡在庭院與戶外燒烤，
家中如有烤具，也可將煎法改用烤法，
別有一番風味。

▼▲▼▲▼▲▼▲▼▲▼▲▼▲▼▲▼▲▼▲▼▲▼▲▼▲▼▲▼▲▼▲▼

材料

- 蘆筍100公克
- 板豆腐200公克
- 高筋麵粉30公克
- 西瓜100公克

調味料

- 純橄欖油60公克
- 鹽6公克
- 糖5公克
- 白胡椒粉5公克
- 檸檬香草綠醬100公克

做法

1. 板豆腐洗淨，用紙巾吸乾水分，切4×6×1公分塊；西瓜洗淨去皮，切4×5×2公分塊，用紙巾吸乾水分，以牙籤挑除西瓜子，以3公克鹽、糖、2公克白胡椒粉醃漬5分鐘；蘆筍洗淨，切6公分段，以3公克鹽、3公克白胡椒粉、30公克純橄欖油略微抓醃，備用。

2. 取一平底鍋，開中火，倒入30公克純橄欖油，將板豆腐塊表面輕拍上高筋麵粉，放入鍋內，煎至兩面呈金黃脆皮，即可盛盤。

3. 將醃漬好的西瓜塊用平底鍋煎至兩面微微上色，即可先取出，再加入蘆筍煎熟即可。

4. 取一個盤子，放上板豆腐、西瓜塊、蘆筍，淋上檸檬香草綠醬，即可食用。

▼▲▼▲▼▲▼▲▼▲▼▲▼▲▼

美味小提醒

▶ 家中如有烤具，也可將煎法改用烤法，更別有一番風味。

▶ 煎板豆腐時，要將表面的水分擦乾，才不易油爆。

▶ 高筋麵粉可改用太白粉做為沾粉，提昇酥脆的口感。

▶ 檸檬香草綠醬用果汁機攪打，比較綿細，也比較快速，但用刀切可保留食材口感。

▶ 西瓜可改用蘋果、鳳梨、水梨或其他當令新鮮水果。

檸檬香草綠醬　　　　DIY

材料

- 新鮮巴西利60公克 ● 新鮮薄荷30公克 ● 新鮮九層塔30公克 ● 酸豆10公克
- 烤熟松子30公克 ● 純橄欖油40公克 ● 檸檬汁30公克 ● 鹽4公克 ● 糖5公克

做法

1. 新鮮巴西利洗淨，切碎；新鮮薄荷洗淨，切碎；新鮮九層塔洗淨，切碎；酸豆切碎；烤熟松子切碎，備用。

2. 取一個碗，加入巴西利碎、薄荷碎、九層塔碎、酸豆碎、松子碎，再加入純橄欖油、檸檬汁攪拌均勻，以鹽、糖調味，即是檸檬香草綠醬。

炸凍豆腐條

炸凍豆腐條是類似薯條的料理，
但口感比薯條更具彈性。
由於市售的番茄醬易含有化學添加物，並可能非素食，
所以提供自製番茄醬的配方，讓大家可以吃得更安心健康。

▼▲▼▲▼▲▼▲▼▲▼▲▼▲▼▲▼▲▼▲▼▲▼▲▼▲▼▲▼

材料
- 木棉豆腐200公克
- 新鮮巴西利2公克

調味料
- 白胡椒粉3公克

麵糊
- 地瓜粉50公克
- 高筋麵粉30公克
- 鹽3公克

做法

1 木棉豆腐洗淨，切1×1×8公分長條，用紙巾吸乾水分，備用。

2 取一個鋼盆，倒入全部麵糊材料，再加入100公克冰水，攪拌均勻，即是麵糊。

3 熱油鍋，將油燒熱至180度，木棉豆腐條表面先拍上高筋麵粉，再沾麵糊，放入油鍋內，炸至呈金黃色，即可起鍋盛盤。

4 將木棉豆腐條撒上巴西利碎、白胡椒粉，搭配番茄醬沾食即可。

▼▲▼▲▼▲▼▲▼▲▼▲▼

美味小提醒

▶ 喜歡醬汁酸味重一點的人，攪打番茄醬汁時，可多加一點果醋。

▶ 調製麵糊要使用冰水的原因是，因為麵粉遇熱容易糊化，如果使用冰水，食物油炸後的口感，會較酥脆。

番茄醬

DIY

材料
- 小番茄100公克
- 西洋芹10公克
- 純橄欖油30公克
- 糖30公克
- 丁香粉1公克
- 百里香1公克
- 鹽5公克
- 果醋30公克

做法
1. 小番茄洗淨，切碎；西洋芹洗淨，切碎，備用。
2. 取一鍋，倒入純橄欖油，開中火，將小番茄碎、西洋芹碎炒香，以糖、丁香粉、百里香、鹽、果醋調味，再加入50公克水，煮至水分收乾至一半，即可取出。
3. 湯汁用果汁機攪打成番茄醬汁。

豆腐麵包抹醬

麵包抹醬幾乎是西方人天天使用的醬，
豆腐非常適合用於製作抹醬，可變化不同口味。
自製的豆腐麵包抹醬，新鮮可口，不必擔心含有防腐劑或色素。
除塗抹麵包，也可搭配餅乾或做餡料，自由變化。

材料
- 板豆腐500公克
- 腰果100公克
- 豆渣100公克
- 巧克力磚5公克
- 草莓1公克
- 新鮮巴西利1公克
- 烤熟松子1公克

調味料
- 純橄欖油40公克
- 黃豆粉15公克
- 糖15公克
- 鹽3公克

抹醬

A
- 糖50公克
- 可可粉40公克

B
- 草莓果醬4公克

C
- 甜味豆腐乳30公克
- 新鮮九層塔葉80公克
- 烤熟松子50公克

做法

1 板豆腐洗淨；巧克力磚以削皮刀削薄片；草莓洗淨，切塊；新鮮巴西利洗淨，備用。

2 取一鍋，加入板豆腐、純橄欖油、黃豆粉、腰果、豆渣、糖、鹽，倒入50公克水，開小火，慢慢將糖與豆渣煮開、煮軟，再倒入果汁機攪打至呈糊狀，如果太乾，可以加少許純橄欖油做調整，即是基本抹醬。

3 基本抹醬拌入抹醬材料A，以巧克力薄片做裝飾，即是巧克力抹醬；拌入抹醬材料B，以草莓塊做裝飾，即是草莓抹醬；拌入抹醬材料C，以松子、巴西利做裝飾，即是松子青醬。

美味小提醒

▶ 黃豆粉有讓抹醬變得濃稠的功能。

香料佛卡夏豆渣麵包

豆渣可以是無用的菜渣，也可以是萬用的食材，
重點在於我們能否惜福運用。只要一點巧思，將食材巧妙運用。
就能讓原本敬陪末座的豆渣廚餘，
變成麵包店人氣第一的香料佛卡夏麵包！

材料

- 豆渣100公克
- 高筋麵粉400公克
- 無糖豆漿200公克
- 乾酵母15公克
- 小番茄50公克
- 黃番茄50公克
- 百里香5公克
- 黑橄欖30公克

調味料

- 糖10公克
- 鹽10公克
- 特級冷壓橄欖油50公克

做法

1 取一鍋，倒入豆漿，開大火，煮滾；乾酵母放入50公克溫水中，備用。

2 取一個鋼盆，倒入高筋麵粉，加入熱豆漿，用筷子攪拌均勻成糰，即是燙麵麵糰。

3 麵糰加入豆渣、糖、鹽、酵母水，用手揉約3至5分鐘，揉至麵糰表面光滑，再加入30公克特級冷壓橄欖油，攪拌1分鐘即可。

4 將麵糰放入倒扣的鋼盆中，靜置1小時30分鐘。待麵糰發酵至約2倍大後，即可取出。

5 小番茄、黃番茄洗淨，切片；黑橄欖切片。取一個碗，加入小番茄片、黃番茄片、黑橄欖片、百里香，淋上10公克特級冷壓橄欖油，略微醃漬10分鐘。

6 取一抹好油的烤盤，放上麵糰，以叉子叉洞，淋上10公克的特級冷壓橄欖油，將小番茄片、黃番茄片、黑橄欖片放在麵糰表面，即可放入烤箱，以200度烘烤15分鐘，關火，繼續悶置5分鐘，再行取出。

7 麵包放冷後，即可切片食用。

美味小提醒

▶ 乾酵母要放入溫水中，才易活化，水溫約25至35度左右。

▶ 家中如果有發酵設備，例如可電控的烤箱，可縮短發酵時間。麵糰可以溫度37度、濕度70度，靜置40分鐘。

▶ 麵糰以叉子叉洞，是為避免烘烤時變型。

▶ 麵包上可以加入喜歡的香料與食材，例如葡萄乾或其他核果，如果使用核果，建議可以預先泡水，比較不會烤焦。

西班牙蔬菜豆腐冷湯

西班牙蔬菜冷湯原本是一道傳統農民料理，
讓農民可以一次享用多種營養豐富的蔬果，紓解疲勞，增加體力。
西班牙蔬菜冷湯營養美味，加入豆腐更清爽，
在炎炎夏日，可提振食欲。

▼▲▼▲▼▲▼▲▼▲▼▲▼▲▼▲▼▲▼▲▼▲

材料

- 嫩豆腐50公克
- 小黃瓜130公克
- 西洋芹130公克
- 牛番茄400公克
- 小番茄200公克
- 紅椒40公克
- 黃椒40公克
- 法國麵包40公克
- 新鮮巴西利5公克
- 新鮮九層塔葉5公克
- 蔬菜高湯300公克

調味料

- 西班牙紅椒粉2公克
- 鹽6公克
- 糖10公克
- 純橄欖油40公克
- 特級冷壓橄欖油20公克

做法

1. 嫩豆腐洗淨，切小丁，以滾水汆燙；小黃瓜洗淨，取30公克切小丁，其他切塊；西洋芹洗淨，取30公克切小丁，其他切塊；牛番茄洗淨，切塊；小番茄洗淨；紅椒、黃椒洗淨去子，各取10公克切小丁，其他切塊；新鮮巴西利洗淨，切碎；新鮮九層塔葉洗淨，備用。

2. 取一個碗，加入小黃瓜塊、西洋芹塊、牛番茄塊、小番茄、紅椒塊、黃椒塊、法國麵包、蔬菜高湯、巴西利碎，以西班牙紅椒粉、鹽、糖、純橄欖油調味，倒入果汁機攪打成泥湯，放入冰箱冷藏，即是西班牙蔬菜冷湯。

3. 取一個湯盤，加入嫩豆腐丁、小黃瓜丁、西洋芹丁、紅椒丁、黃椒丁，一起拌勻，倒入西班牙蔬菜冷湯，淋上特級冷壓橄欖油，以九層塔葉做裝飾，即可食用。

蔬菜高湯

DIY

材料

- 新鮮香菇200公克 ● 西洋芹500公克 ● 紅蘿蔔400公克 ● 百里香2公克
- 月桂葉2片 ● 迷迭香2公克 ● 丁香1顆 ● 黑胡椒粒3公克

做法

1. 新鮮香菇洗淨；西洋芹洗淨，切大塊；紅蘿蔔洗淨去皮，切大塊，備用。
2. 取一高湯鍋，倒入冷水3000公克，加入全部材料，以大火煮滾。
3. 滾沸後，改以小火，煮1小時，期間要將表面的浮渣撈除。
4. 關火後，濾除所有材料，2000公克的高湯即完成。

▼▲▼▲▼▲▼▲▼▲▼▲▼

美味小提醒

▶ 西方習慣生食西洋芹，如果不習慣，可先汆燙，或是不加入冷湯也無妨。

西班牙的大鍋飯與大鍋菜舉世聞名，
其實傳統中國禪寺的千人鍋更驚人，往往一開火就是煮千人份的齋飯。
千人一起用餐的空前盛況已不易見，
為方便食用，將西班牙燉豆鍋設計為精巧小鍋，
用麵包條沾食湯汁，吃得更優雅。

▼▲▼▲▼▲▼▲▼▲▼▲▼▲▼▲▼▲▼▲▼▲▼▲

材料

- 白豆 100 公克
- 西班牙醃辣椒 30 公克
- 紅蘿蔔 40 公克
- 西洋芹 40 公克
- 腐皮 100 公克
- 油豆腐 100 公克
- 凍豆腐 100 公克
- 杏鮑菇 100 公克
- 新鮮香菇 50 公克
- 蘑菇 50 公克
- 蔬菜高湯 1000 公克
- 麵包粉 100 公克
- 新鮮巴西利 3 公克
- 麵包條 100 公克

調味料

- 純橄欖油 40 公克
- 鹽 12 公克
- 西班牙紅椒粉(不辣) 3 公克
- 西班牙紅椒粉(辣) 3 公克
- 百里香 3 公克
- 糖 5 公克
- 白胡椒粉 3 公克

做法

1 白豆洗淨，以水浸泡 2 小時；紅蘿蔔洗淨去皮，切小丁；西洋芹洗淨，切小丁；腐皮、油豆腐、凍豆腐洗淨，切大塊；杏鮑菇、新鮮香菇、蘑菇洗淨，切大塊；新鮮巴西利洗淨，切碎，備用。

2 取一炒鍋，加入麵包粉、百里香、巴西利碎，開中火，乾鍋拌炒均勻，每 5 分鐘要略為攪拌以免焦鍋，烘炒 30 分鐘，炒至微微金黃上色，再拌入 5 公克鹽、糖、白胡椒粉，即是香料麵包粉。

3 另取一炒鍋，倒入純橄欖油，加入白豆、西洋芹丁、紅蘿蔔丁，開中火炒香，再加入腐皮塊、油豆腐塊、凍豆腐塊、杏鮑菇塊、西班牙醃辣椒，以西班牙紅椒粉調味，炒至微微上色，倒入蔬菜高湯，轉大火煮滾，以 7 公克鹽調味，轉小火，燉煮 40 分鐘至白豆熟透，即可起鍋。

4 將燉豆湯倒入焗烤鍋，撒上香料麵包粉，放入烤箱，以 180 度烘烤 3 分鐘至上色，即可取出。

5 食用時，用麵包條沾食燉豆湯一起享用。

DIY

西班牙醃辣椒

材料

- 墨西哥辣椒 (Jalapeno) 500 公克 ● 蘋果醋 200 公克
- 糖 60 公克 ● 丁香 1 個 ● 黑胡椒粒 10 公克

做法

1. 墨西哥辣椒洗淨，切 1 公分寬小段，放入有盒蓋的容器，備用。
2. 取一鍋，倒入 500 公克水，加入蘋果醋、糖、丁香、黑胡椒粒，開大火煮滾，即可起鍋。
3. 將煮好的湯汁，倒入裝辣椒段的容器，蓋好盒蓋，放入冰箱冷藏 3 天，即可食用。

▼▲▼▲▼▲▼▲▼▲▼▲▼▲

美味小提醒

▶ 使用白豆是因為一般豆類的豆腥味很濃，白豆的豆腥味較淡。

▶ 烘炒是乾鍋不放油的一種炒法，可以讓食材消除水分，炒出香氣，並有上色功能，常用於烘炒核果一類乾果食材。

▶ 同時使用「辣」與「不辣」兩種的紅椒粉，是為讓辣味較為柔和不過嗆。如果買不到西班牙紅椒粉，也可改用匈牙利紅椒粉或其他產地的紅椒粉。

▶ 如果沒有墨西哥辣椒，也可改用辣椒肉較厚實的其他品種辣椒。

▶ 燉豆湯在燉煮期間，要不斷撈除燉豆湯表面上的泡泡，以避免產生雜質。

墨西哥香料豆腐捲餅

墨西哥捲餅方便實吃，已成為臺灣常見的早餐與下午茶點心。
墨西哥醃辣椒酸辣開胃，搭配香酥豆皮條餡料，
以及莎莎醬、酪梨醬等風味醬，更加酸香可口。

▼▲▼▲▼▲▼▲▼▲▼▲▼▲▼▲▼▲▼▲▼▲▼▲

材料
- 墨西哥薄餅（Tortilla）2片
- 墨西哥醃辣椒50公克
- 蘿蔓生菜40公克
- 美生菜40公克
- 腐皮1片

調味料
- 番茄莎莎醬100公克
- 酪梨醬100公克

做法

1 蘿蔓生菜洗淨，切絲；美生菜洗淨，切絲；腐皮洗淨，切條，備用。

2 取一平底鍋，開小火，放入墨西哥薄餅，在鍋子上略微烘熱，即可起鍋。

3 取1片墨西哥薄餅，鋪上蘿蔓生菜絲、美生菜絲、腐皮條、墨西哥醃辣椒，再放入番茄莎莎醬、酪梨醬，邊捲邊壓。

4 將捲餅放入平底鍋，開小火，略微乾烙，即可起鍋。依此方法，完成另1片墨西哥捲餅。

5 將墨西哥捲餅對切，即可食用。

DIY

墨西哥薄餅

材料
- 乾酵母3公克 ● 中筋麵粉150公克 ● 低筋麵粉100公克
- 糖20公克 ● 鹽3公克 ● 純橄欖油10公克

做法
1. 取一個鋼盆，倒入30公克溫水，加入乾酵母，攪拌拌均。
2. 加入中筋麵粉、低筋麵粉、糖、鹽、純橄欖油，再倒入110公克冰水，用手攪拌至均均成糰，將鋼盆倒扣住麵糰，靜置30分鐘。
3. 取出醒好的麵糰，以每個50公克做分割，用擀麵棍擀成0.3公分厚的圓片。
4. 取一個平底鍋，開中火乾煎，把兩面麵皮煎香，即可起鍋。

酪梨醬

材料
- 酪梨果肉500公克 ● 純橄欖油30公克 ● 鹽3公克
- 糖30公克 ● 辣椒10公克 ● 檸檬1顆（40公克）

做法
1. 酪梨洗淨，對剖去子，取出300公克重果肉；辣椒洗淨去子，切碎；檸檬洗淨，用刨絲器取皮的絲，檸檬絲先切碎，再將檸檬對剖，擠汁，備用。
2. 取一個碗，加入純橄欖油、酪梨果肉、鹽、糖、辣椒碎、檸檬汁、檸檬皮碎，倒入果汁機攪打成泥狀，即可取出。

▼▲▼▲▼▲▼▲▼▲▼▲▼

美味小提醒

▶ 墨西哥薄餅一次可多煎一些，存放在冰箱。要食用時，從冰箱取出，加熱回溫即可。

豆腐捲佐黑橄欖腐乳醬

有人說豆腐乳是中國人的起士，但是豆腐乳由於發酵味道厚重，
如果調味不當，還是會讓西方人敬謝不敏。
因此，特別調製黑橄欖腐乳醬，讓外酥內軟的豆腐捲，
淋上香濃醬汁，風味香酥迷人。

▼▲▼▲▼▲▼▲▼ ▲▼▲▼ ▼ ▼▲ ▼▲ ▼▲ ▼▲▼▲▼▲ ▼

材料

- 板豆腐500公克
- 腐皮100公克
- 辣味豆腐乳100公克
- 中筋麵粉30公克
- 小黃瓜40公克
- 白蘿蔔40公克
- 紅蘿蔔40公克
- 杏鮑菇40公克
- 蘆筍40公克
- 蔬菜高湯30公克
- 棉線1條

調味料

- 特級冷壓橄欖油10公克
- 黑橄欖腐乳醬20公克
- 鹽3公克

做法

1 板豆腐洗淨，切8×5×4公分塊，用中筋麵粉輕拍；腐皮洗淨，切20×20公分片；小黃瓜洗淨，切絲；白蘿蔔、紅蘿蔔洗淨去皮，切細絲；蘆筍洗淨，刮除粗皮，切筍尖狀，備用。

2 小黃瓜絲、白蘿蔔絲、紅蘿蔔絲，以鹽略抓，加入蘆筍，一起用蔬菜高湯汆燙。

3 取一個碗，加入辣味豆腐乳與蔬菜高湯，倒入果汁機打碎，先用醬汁塗抹腐皮條，再將豆腐塊捲起，以棉線綁緊固定。

4 熱油鍋，以160度油溫，將豆腐捲油炸5分鐘，待表皮炸脆、內部炸熱，即可取出瀝油，切10公分長塊。

5 取一個盤子，淋上黑橄欖腐乳醬，再放上豆腐捲，以及小黃瓜絲、白蘿蔔絲、紅蘿蔔絲，淋上特級冷壓橄欖油，以蘆筍做裝飾即可。

▼▲▼▲▼▲▼▲▼▲▼▲▼

美味小提醒

▶ 豆腐捲在淋上黑橄欖腐乳醬前，醬汁要保溫，才能有最佳的滑順口感與風味。

▶ 豆腐捲用棉線綁緊的目的，是為幫助定型，以免油炸時散開。

黑橄欖腐乳醬

DIY

材料

- 黑橄欖30公克
- 豆腐乳10公克
- 純橄欖油30公克
- 蔬菜高湯200公克
- 新鮮百里香2公克
- 黑胡椒碎3公克
- 糖20公克

做法

1. 黑橄欖切碎；新鮮百里香洗淨，切碎，備用。
2. 取一鍋，倒入純橄欖油，開中火，加入黑橄欖碎、百里香碎炒香，再加入豆腐乳、蔬菜高湯、黑胡椒碎、糖，攪拌拌均即可。

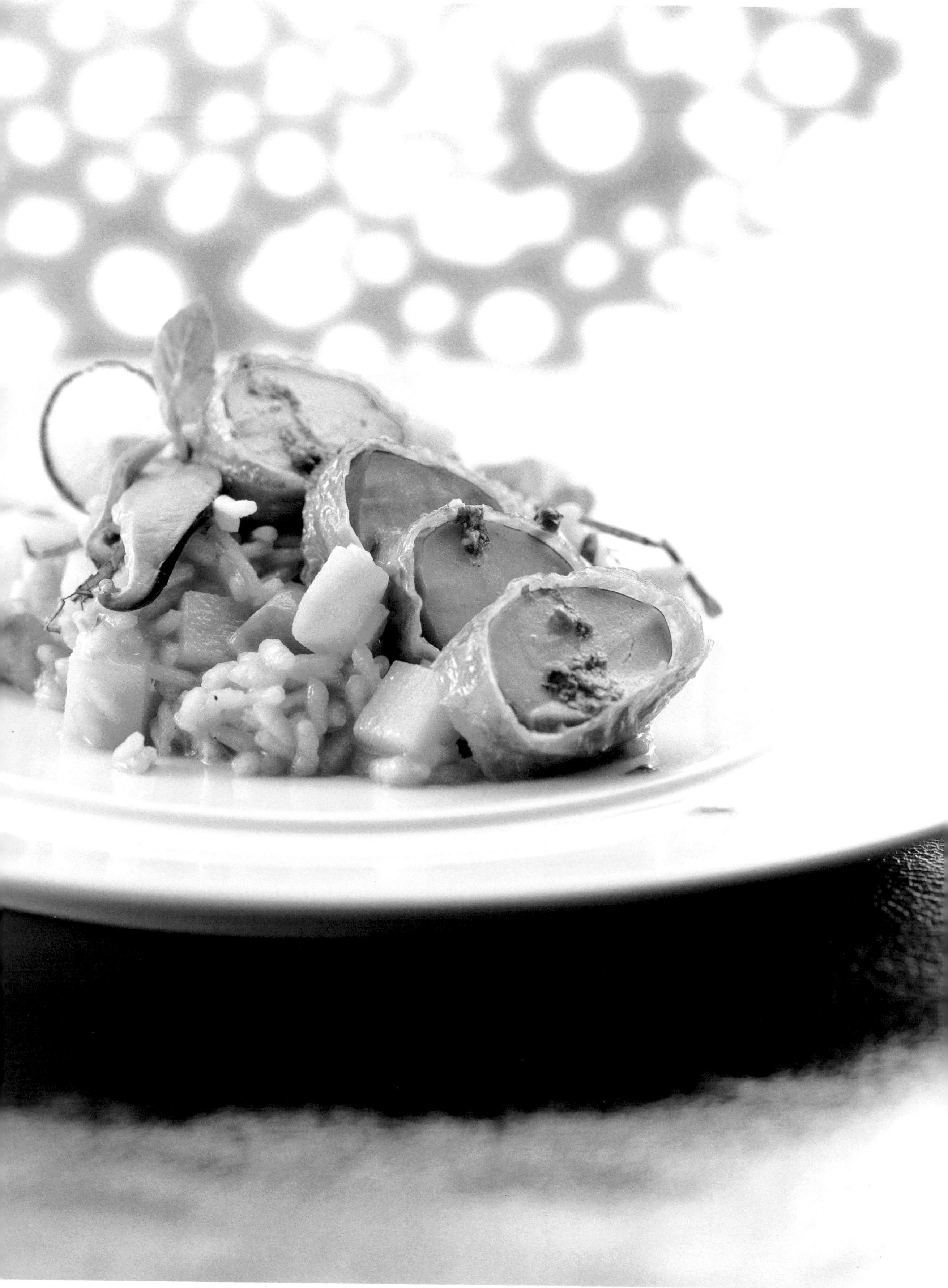

西式燉飯是以生米直接下鍋料理，
與需要洗米的中式米飯，風味與口感都截然不同。
燉飯的美味除了來自彈牙的飯粒口感，更來自於香濃美味的湯汁，
容易吸收湯汁的豆腐，最能讓人吃得滿足。

材料
- 豆皮捲2條（120公克）
- 腐皮2片（6公克）
- 蔬菜高湯200公克
- 義大利米200公克
- 無糖豆漿200公克
- 西洋芹50公克
- 新鮮香菇30公克
- 杏鮑菇30公克
- 沙拉筍30公克
- 月桂葉1片
- 櫻桃蘿蔔1片
- 新鮮九層塔2公克
- 香菇高湯500公克
- 棉線2條

調味料
- 純橄欖油30公克
- 照燒醬200公克
- 香草青醬10公克

做法

1 豆皮捲、腐皮洗淨；西洋芹洗淨，切小丁；新鮮香菇洗淨，切小丁；杏鮑菇洗淨，切小丁；沙拉筍切丁；新鮮九層塔洗淨，備用。

2 腐皮鋪平，放上豆皮捲，捲起，以棉線綁緊，即是腐皮豆皮捲。

3 取一鍋，倒入純橄欖油，開小火，加入西洋芹丁、香菇丁、杏鮑菇丁、筍丁，再加入義大利米一起炒香，倒入香菇高湯，加入月桂葉、腐皮豆皮捲，轉中火，煮至水分收乾，以照燒醬調味，再加入少許香菇高湯，米粒煮至九分熟，即可起鍋盛盤。

4 取出腐皮豆皮捲，拆除綿線，切片。

5 取一個盤子，將腐皮豆皮捲片放在燉飯上，淋上香草青醬，以九層塔、櫻桃蘿蔔片做裝飾，即可食用。

DIY

照燒醬

材料
- 薑10公克 ● 麥牙糖40公克 ● 冰糖10公克 ● 醬油60公克
- 純橄欖油10公克 ● 鹽5公克 ● 香菇高湯200公克

做法
1. 薑洗淨，切片，備用。
2. 取一鍋，倒入純橄欖油，開小火，炒香薑片，加入麥牙糖、冰糖、醬油、鹽、香菇高湯，熬煮10分鐘至入味，即可起鍋，靜置放涼，即是照燒醬。

香草青醬

材料
- 新鮮九層塔20公克 ● 烤熟松子20公克 ● 純橄欖油30公克 ● 糖5公克 ● 鹽5公克

做法
1. 新鮮九層塔洗淨，備用。
2. 取一個碗，加入新鮮九層塔、松子、純橄欖油、糖、鹽，用果汁機打碎，即是香草青醬。

美味小提醒

▶ 燉煮時，可適時用高湯調整飯的乾濕度。

豆輪波隆那醬義大利麵

豆輪具有耐煮、容易入味的特質,適合搭重視醬汁的義大利麵,
不論紅醬、青醬或白醬,都能充分吸收醬汁。
香酥的豆輪用於製作義大利麵,
更添豐富口感!

▼▲▼▲▼▲▼▲▼▲▼▲▼▲▼▲▼▲▼▲▼▲▼▲▼▲▼▲▼▲▼

材料

- 豆輪200公克
- 豆皮捲200公克
- 紅蘿蔔80公克
- 西洋芹80公克
- 蘑菇100公克
- 無糖豆漿200公克
- 義大利麵200公克
- 小紅蘿蔔50公克
- 新鮮百里香2公克
- 新鮮九層塔葉5公克

調味料

- 純橄欖油20公克
- 特級冷壓橄欖油5公克
- 番茄醬汁500公克
- 香菇高湯500公克
- 香菇油膏30公克
- 鹽7公克
- 糖10公克

做法

1 豆輪洗淨,以熱水泡軟,取一半切碎;豆皮捲洗淨,切碎;紅蘿蔔洗淨,切碎;西洋芹洗淨,切碎;蘑菇洗淨,切碎;小紅蘿蔔洗淨,切4條長條,以高湯煮熟;新鮮百里香洗淨,過油炸香;新鮮九層塔葉洗淨,切絲,備用。

2 取一鍋,倒入純橄欖油,開中火,炒香豆輪、紅蘿蔔碎、西洋芹碎、蘑菇碎、豆皮捲碎、豆輪碎,倒入番茄醬汁、香菇高湯、香菇油膏,熬煮30分鐘,以鹽、糖調味,倒入豆漿,繼續煮5分鐘,即可起鍋,倒入湯鍋,開小火保溫,即是豆輪波隆那醬。

3 另取一個湯鍋,倒入1000公克水,加鹽,開大火煮滾,加入義大利麵,將麵煮至半熟,即可撈起。

4 將煮至半熟的義大利麵,放入豆輪波隆那醬的湯鍋,開小火,煮至麵條九分熟,即可起鍋盛盤。

5 拌入九層塔絲,淋上特級冷壓橄欖油,以百里香、小紅蘿蔔條做裝飾,即可食用。

▼▲▼▲▼▲▼▲▼▲▼▲▼

美味小提醒

▶ 使用香菇油膏而不用醬油膏,是因醬油膏的味道偏鹹,較不適合本道料理。

▶ 煮義大利麵時要加點鹽,是為保護麵的蛋白質,避免麵條糊化,影響美味。

番茄醬汁   DIY

材料

- 牛番茄1000公克 - 西洋芹100公克 - 百里香2公克 - 純橄欖油30公克
- 糖40公克 - 鹽5公克 - 香菇高湯250公克

做法

1. 牛番茄洗淨,切大丁;西洋芹洗淨,切大丁,備用。

2. 取一鍋,倒入純橄欖油,開中火,炒香牛番茄丁、西洋芹丁,加入百里香,以糖、鹽調味,倒入香菇高湯,熬煮20分鐘,用果汁機打碎,取出放涼即可。

百頁味噌披薩

不管義大利披薩的由來，是不是從中國燒餅變成；
不管日本味噌的由來，是不是從中國豆醬變成，
美食都要透過分享，才能流傳千古成為經典。
以百頁豆腐搭配味噌焗烤醬的全新披薩組合，
結合中式、日式與西式料理的精華，讓美食因為分享，更加美味！

▼△▼△▼△▼△▼△▼△▼△▼△▼△▼△▼△▼△▼△▼

材料

- 牛番茄500公克
- 蔬菜高湯300公克
- 西洋芹50公克
- 奧力岡3公克
- 九層塔葉10公克
- 百頁豆腐100公克
- 小番茄20公克
- 黃櫛瓜20公克
- 綠櫛瓜20公克
- 蘑菇30公克
- 生菜沙拉適量

調味料

- 糖10公克
- 鹽10公克
- 蔬菜高湯200公克
- 味噌焗烤醬150公克

麵糰

- 高筋麵粉400公克
- 低筋麵粉200公克
- 無糖豆漿300公克
- 純橄欖油40公克
- 乾酵母15公克

做法

1 取一鍋，倒入豆漿，開大火，煮滾；乾酵母放入50公克溫水中，備用。

2 取一個鋼盆，倒入高筋麵粉、低筋麵粉，加入熱豆漿，用筷子攪拌均勻成糰，即是燙麵麵糰。

3 麵糰加入酵母水，用手攪拌約3至5分鐘，至麵糰光滑，再加入純橄欖油，攪拌1分鐘即可。

4 將麵糰放入倒扣的鋼盆中，靜置1小時30分鐘。待麵糰發酵至約2倍大後，即可取出。

5 豆漿麵糰以140公克為一個單位做分割，放在烤盤上發酵，備用。

6 牛番茄洗淨，切大丁；西洋芹洗淨，切大丁；蘑菇洗淨，切片；百頁豆腐洗淨，切片；小番茄洗淨，切片；黃櫛瓜洗淨，切片；綠櫛瓜洗淨，切片；新鮮九層塔葉洗淨。

7 取一鍋，倒入純橄欖油，開中火，炒香牛番茄丁、西洋芹丁，加入奧力岡，以糖、鹽調味，倒入蔬菜高湯，熬煮20分鐘，倒入果汁機攪打，即可取出放涼。

8 將麵糰用擀麵棍擀開，擀成直徑15公分的圓片狀，取15公克番茄醬汁塗於麵糰表面，外緣留1公分不要塗抹，於表面鋪上蘑菇片、百頁豆腐片、小番茄片、黃櫛瓜片、綠櫛瓜片、九層塔葉，再放上味噌焗烤醬，放入烤箱，以170度烘烤5分鐘，換邊再烤5分鐘，待表面烤至上色後，即可取出盛盤，切8片。

9 食用時，以九層塔葉做裝飾，搭配生菜沙拉，即可食用。

味噌焗烤醬

DIY

材料

- 純橄欖油30公克
- 中筋麵粉30公克
- 白味噌10公克
- 無糖豆漿300公克
- 月桂葉1片
- 豆蔻粉2公克
- 黑胡椒碎1公克

做法

1. 取一鍋，倒入純橄欖油，開大火，炒香中筋麵粉，加入白味噌、豆漿，以月桂葉、豆蔻粉、黑胡椒碎調味。

2. 直接在鍋內用打蛋器將醬料攪打至糊狀，關火，起鍋盛碗，靜置放涼，即是味噌焗烤醬。

▼△▼△▼△▼△▼△▼△▼

美味小提醒

▶ 在鍋內攪打味噌焗烤醬時，要邊加熱邊攪打，才不會結粒。

▶ 味噌焗烤醬的風味類似起士，焙烤時，要烤至上色，看起來才美味。

豆腐凍的風味類似提拉米蘇，非常滑順可口，
喜歡慕絲甜點的人，一定要試做看看，與朋友們分享，
無蛋奶的純素點心，也可以健康與美味兼顧。

▼▲▼▲▼▲▼▲▼▲▼▲▼▲▼▲▼▲▼▲▼▲▼▲▼▲▼▲▼

材料

- 豆渣 40 公克
- 腰果 40 公克
- 黃豆粉 40 公克
- 無糖豆漿 400 公克
- 巧克力磚 30 公克
- 冰塊 500 公克

調味料

- 糖 70 公克
- 寒天粉 15 公克
- 即溶濃縮咖啡粉 100 公克
- 可可粉 30 公克
- 糖 20 公克

做法

1 腰果切碎；巧克力磚以削皮器削薄片，備用。

2 取一鍋，倒入豆渣、腰果碎、黃豆粉，開小火，慢慢炒香至金黃上色，即可起鍋，靜置放涼。冷卻後，拌入糖，倒入杯中，放入冰箱冷藏，備用。

3 取一個鋼盆，倒入豆漿，加入即溶濃縮咖啡粉，攪拌均勻，倒出 1/10 的用量，加入糖、寒天粉，放入鍋內煮至完全溶解，再倒回鋼盆。

4 另取一個大盆，先倒入冰塊，再放入裝咖啡豆漿的鋼盆，隔著冰塊快速打發 5 分鐘，待咖啡豆漿變成泡沫，再取出冷藏在冰箱的豆渣杯，將打發的咖啡豆漿倒入入杯中，放入冰箱冷藏 5 分鐘，定型為咖啡豆腐凍。

5 食用時，可篩上可可粉，以巧克力薄片做裝飾。

▼▲▼▲▼▲▼▲▼▲▼▲▼▲▼

美 味 小 提 醒

▶ 咖啡粉也可改為果醬，即是果醬風味甜點。

▶ 如喜歡香草風味，可在倒入豆漿後，加入 1 公克香草豆莢。

▶ 在鋼盆外放冰塊的目的是為幫助降溫，讓打發的咖啡豆漿，類似慕絲口感。

禪味
廚房 ⑨

豆腐百味
Totally Tofu, Totally Tasty

國家圖書館出版品預行編目資料

豆腐百味／蔡斌翰, 潘瑋翔著 . ─ 初版 . ─
─臺北市：法鼓文化, 2013.06
　　面；　公分
　　ISBN 978-957-598-616-2（平裝）

　　1.素食食譜 2.豆腐食譜

427.31　　　　　　　　　102008499

作者／蔡斌翰、潘瑋翔
攝影／周禎和
出版／法鼓文化
總監／釋果賢
總編輯／陳重光
編輯／張晴、李金瑛
美術編輯／化外設計
地址／臺北市北投區公館路 186 號 5 樓
電話／（02）2893-4646
傳真／（02）2896-0731
網址／http://www.ddc.com.tw
E-mail／market@ddc.com.tw
讀者服務專線／（02）2896-1600
初版一刷／2013 年 6 月
建議售價／新臺幣 300 元
郵撥帳號／50013371
戶名／財團法人法鼓山文教基金會 — 法鼓文化
北美經銷處／紐約東初禪寺
Chan Meditation Center（New York, USA）
Tel／（718）592-6593
Fax／（718）592-0717

特此感謝亞泰國際餐具有限公司、奧利塔
橄欖油、百味來義大利麵、屏科大薄鹽醬
油，提供拍攝協助。

禪 味 廚 房 系 列

法鼓素食主張

【純素料理】
不含蛋奶，回歸素食原點。

【環保料理】
在地天然食材，環保愛地球。

【健康料理】
少油、少鹽、少糖、少負擔。

【惜福料理】
善用食材，感恩涓滴得來不易。

法鼓文化
http://www.ddc.com.tw
完整提供聖嚴法師的著作，以
及各種正信、專業的佛教書
籍、影音產品、生活類用品。

心靈
書店

http://www.ddc.com.tw

ISBN 978-957-598-616-2
00300
9 789575 986162

一塊豆腐，
你永遠也猜不到能變化出多少料理！
因為，只要加上一點巧思創意，
就能創造出無盡的美味組合！

蔡斌翰與潘瑋翔兩大創意料理金牌主廚，
在「豆腐實驗室」裡，嘗試將家常豆腐大變身，
除以現代巧思重現經典豆腐料理，更研發許多獨家風味的創意豆腐，
做出讓人驚豔的豆腐宴！

本書分為三大單元：中華豆腐料理、日本豆腐料理、歐美豆腐料理，
讓你自由玩味中式、日式、西式的烹調技法！
豆腐湯，可做中式臭豆腐煲、日式豆漿雪鍋，也可試試西班牙冷湯；
炸豆腐，可炸響鈴、鹹酥干絲，也可炸凍豆腐條；
烤豆腐，可烤孜然豆腐串、田樂燒毛豆豆腐，也可烤墨西哥豆腐脆片；
豆腐飯，可做臭豆腐炒飯、釜燒豆腐飯，也可做豆腐燉飯……。
不但教你創意豆腐要領，
還分享簡單自製豆漿、豆花、豆腐、豆皮的方法。
從現在起，你家廚房也是豆腐實驗室，
跟著主廚一起玩出豆腐百味吧！